中小水电站电气设备运维及管理

李凌华　张光锰　杨　毅　著

吉林科学技术出版社

图书在版编目（CIP）数据

中小水电站电气设备运维及管理 / 李凌华，张光锰，
杨毅著． -- 长春：吉林科学技术出版社，2023.6
　　ISBN 978-7-5744-0425-0

　　Ⅰ．①中… Ⅱ．①李… ②张… ③杨… Ⅲ．①水力发
电站－电气设备－运行②水力发电站－电气设备－维修③
水力发电站－电气设备－设备管理 Ⅳ．① TV734

　　中国国家版本馆 CIP 数据核字（2023）第 098762 号

中小水电站电气设备运维及管理

著　　　　李凌华　张光锰　杨　毅
出 版 人　宛　霞
责任编辑　杨雪梅
封面设计　树人教育
制　　版　树人教育
幅面尺寸　185mm×260mm
开　　本　16
字　　数　230 千字
印　　张　10.5
印　　数　1–1500 册
版　　次　2023年6月第1版
印　　次　2023年10月第1次印刷

出　　版　吉林科学技术出版社
发　　行　吉林科学技术出版社
地　　址　长春市福祉大路5788号
邮　　编　130118
发行部电话/传真　　0431-81629529 81629530 81629531
　　　　　　　　　　　　81629532 81629533 81629534
储运部电话　0431-86059116
编辑部电话　0431-81629518
印　　刷　廊坊市印艺阁数字科技有限公司

书　　号　ISBN 978-7-5744-0425-0
定　　价　66.00元

前　言

近年来，随着国民经济地飞速发展，电力需求日益增长，环境质量要求越来越高。水力发电作为一种重要的、可提供清洁能源的发电方式在电力系统中发挥着重要的作用，水电站的安全生产将直接影响着电网的安全稳定运行。水电站的核心装备是发电机组及相关机电设备，水电站厂房等建设工程主要为其提供运行空间。近些年来，随着我国水电事业的迅猛发展，水电站的单机容量也不断增大，由此也出现了许多更为复杂的新型电气设备。此外，随着水电站装机容量和电气设备尺寸的增大，电气设备安全问题也日益受到重视。

中小水电站的发展对促进我国水力资源的开发和充分利用，缓解电力能源的紧张局面，改善生态环境和流域水土条件，发展当地经济等，都起到了积极的推动作用。为适应中小型水电站技术和安全培训的需要，提高水电站生产和管理人员的运行维护水平，保障水电站的安全、可靠和高效运行，特撰写本书。本书主要研究中小水电站电气设备运维及管理，从中小水电站电气基础理论介绍入手，针对水电站电气主接线、水轮发电机运维、水电站继电保护及计算机监控系统、水电站二次回路进行了分析研究；另外对配电装置及水电站电气总布置、水电站其他电气设备运维做了一定的介绍；还对水电站的安全生产与安全管理提出了一些建议；在探索出一条适合中小水电站电气设备运维以及管理工作的科学道路，帮助工作者在应用中少走弯路，运用科学方法，提高效率。

本书在撰写过程中，查阅了大量的文献、资料，参考和引用了相关资料的部分内容，在此对其作者表示衷心的感谢！由于作者水平有限，书中难免存在疏漏或者不妥之处，敬请广大读者批评指正。

目　录

第一章　中小水电站电气基础理论

第一节　电力系统基本知识

一、电力系统及发电厂、变电站概述

电能是工农业生产不可缺少的动力，它广泛应用于生产和日常生活中。电能不能大量存储，其生产、输送、分配和消费必须在同一时间完成，因此各个环节必须形成一个整体。电力系统的任务就是将电能从电厂生产出来，通过变电站升压，然后通过高压输电线路输送，再经过变电站降压，最终送到用户。

发电厂是将各种一次能源如水能、煤炭、核能、风能、太阳能、潮汐能等转换成电能的工厂。发电厂发出的电能要经过升压和降压后才能实现远距离输送到用户使用。变电站就是联系发电厂和用户的中间环节，起着转换和分配电能的作用。

（一）电力系统

由发电厂、变电站、输配电线路和用户所组成的有机整体称为电力系统。其中，由不同电压等级的输电线路、配电线路和变电站组成的部分称为电力网。

电力系统运行时必须满足以下几个方面要求。

1. 安全、可靠、连续地对用户供电，完成年发电计划

在实际运行中并非所有用户都不允许停电，按对供电可靠性的要求，用户分为一类、二类和三类用户。一类用户一旦停电会造成人身伤亡、设备产品报废、生产长时间不能恢复，或者造成重大政治经济影响，例如炼钢厂、医院手术室等。二类用户停电则会造成设备损坏、产生大量次品，正常工作受影响，例如棉纺厂、造纸厂等。三类用户停电则影响不大，如居民生活用电等。所以运行中，三类用户允许停电，一、二类用户不允许停电，当供电不足或者发生故障时，应保证一类用户的连续供电，尽量不使二类用户中断供电。

2. 保证电能质量

衡量电能质量的主要指标是电网频率和电压质量。频率质量指标为频率允许偏差；

电压质量指标包括允许电压偏差、允许波形畸变率（谐波）、三相电压允许不平衡度以及允许电压波动和闪变。

我国电力系统的标准频率为五十 Hz。供电频率允许偏差：系统容量在三百万 kW 及以上者为 ±0.2 Hz；系统容量在三百万 kW 以下者为 ±0.5 Hz。

我国规定供电电压的允许偏差为：三十五 kV 及以上供电电压正、负偏差的绝对值和不超过 10%，二十 kV 及以下三相供电电压的允许偏差为额定电压的 ±7%，220 V 单相供电电压允许偏差为 +7%~-10%。

公用电网谐波：用户注入电网的谐波电流允许值应保证各级电网谐波电压在限值范围内，所以国标规定 6~220 kV 各级公用电网电压（相电压）总谐波畸变率为：0.38 kV 为 5.0%，6~10 kV 为 4.0%，35~66 kV 为 3.0%，110 kV 为 2.0%。对二百二十 kV 电网及其供电的电力用户参照一百一十 kV 电网执行。

三相电压不平衡度：电网正常运行时，负序电压不平衡度不超过 2%，短时不超过 4%；接于公共连接点的每个用户使用该点负序电压不平衡度允许值一般为 1.3%，短时不超过 2.6%。

电压波动和闪变：在公共供电点的电压波动与电压等级、波动频度有关。电压波动频度为十至一百次 /h，35 kV 及以下为 2.0%，35 kV 以上为 1.5%。闪变是灯光照度不稳定造成的视感，闪变次数小于十次 /min，35 kV 及以下闪变干扰的允许值为 0.4%（波动负荷视载功率 / 公共接入点的短路容量），35 kV 以上为 0.1%。

电压的大小主要取决于无功功率的平衡，频率的大小主要取决于电力系统中有功功率的平衡，必须通过调频、调压措施来保证电压和频率的稳定。波形的畸变主要是各种谐波成分的存在导致的，谐波的存在不仅会大大影响电动机的效率和正常运行，还可能使电力系统产生高次谐波共振而危及设备的安全运行。同时还将影响电子设备的正常工作，并对通信产生不良干扰。在实际电力系统中，应针对具体谐波成因采取相应的限制措施，以保证电能质量。

3. 保证电力系统运行的经济性

在电能生产和输送过程中，应尽量做到损耗少、效率高、成本低。具体说，提高运行经济性就是将生产每千瓦时电的能源消耗、生产每千瓦时电的厂用电以及供配每千瓦时电在电网中的电能损耗这三个指标降到最低。

电力系统运行的优越性：把多个电厂并联起来建立电力系统可充分发挥系统优越性。建成电力系统后实现了系统资源共享：可以提高系统运行的可靠性，保证供电质量；可提高设备的利用率，减少备用机组的总容量；可提高整个电力系统的经济性，充分利用自然资源，发挥各类电厂的作用；为使用高效率、大容量的机组创造了有利条件。

（二）发电厂

发电厂是将一次能源转换成电能的工厂。按所消耗一次能源不同，发电厂分为火电厂、水电厂、核电厂、风力发电厂、太阳能发电厂、潮汐发电厂、地热发电厂等，其中火电厂、水电厂、核电厂为我国电厂主要类型。

1.火电厂

火电厂是将燃料（例、如煤、石油、天然气、油页岩等）的化学能转换成电能的工厂。能量的转换过程是：燃料的化学能——热能——机械能——电能。火电厂中的原动机大都为汽轮机，个别地方采用柴油机和燃气轮机。

汽轮发电机组启动较慢，且随着单机容量的提高，汽轮机进汽参数提高，因此火电厂在系统中主要承担基荷，其设备年利用时间一般在五千 h 及以上。火电厂生产要消耗有机燃料，生产成本较高，并且要向大气排放硫和碳的化合物，污染较严重，因此，一些小型火电厂因生产成本较高、污染较严重已陆续关闭。

2.水电厂

水电厂是将水能变成电能的电厂。能量的转换过程是：水能——机械能——电能。根据集中水头的方式不同分为堤坝式、引水式和混合式水电站，此外，抽水蓄能电站和潮汐电站也是水能利用的重要形式。

水电项目一般集发电、航运、灌溉于一身。水电厂生产不消耗燃料，无污染，发电成本较低。水电机组能快速启动与停运，并能在运行中由空载到满载大幅度地改变负荷，可以起到调节作用。受丰水期和枯水期影响，水电厂设备利用小时数比火电厂低，调峰电站为一千五至三千 h，担任基荷的电站为五千至六千 h。

3.核电厂

核电厂是利用核裂变能转换为热能，再按火电厂发电方式来发电的工厂。核电厂一般使用的核燃料为铀 -235 的同位素，在核反应堆内，铀 -235 在中子撞击下使原子核裂变产生巨大能量，且要以热能的形式被高压水带至蒸汽发生器内，产生蒸汽再送到汽轮发电机组发电。核电厂不燃烧有机燃料，因此不向大气排放硫和氮的氧化物以及碳酸气，从而降低了环境污染。核电厂所需的原料极少，因为 1 g 铀 -235 所发出的电能约等于 2.7 t 标准煤所发的电能。

核电站启停操作繁琐并损耗大，故核电厂在电力系统中承担基荷，设备年利用小时数在六千五 h 以上。核电厂要充分考虑核反应堆事故时的安全性，不应将其建在人口稠密和地震活动地区，但从人类生态环境角度考虑，核电厂仍然是电力工业的发展方向。

（三）变电站

变电站的作用是变换电压、传送电能，其主要设备有变压器、开关电器等，电力系统的变电站可分为发电厂的变电站和电力网的变电站两大类。

发电厂的变电站又称发电厂的升压站，其作用是将发电厂发出的电能经升压送入电力网。

电力网的变电站根据地位和作用分为枢纽变电站、区域变电站和配电变电站等。

（四）电气设备的额定电压和额定电流

国家标准《标准电压》中规定，我国电力网的额定电压等级有 0.22 kV、0.38 kV、3 kV、6 kV、10 kV、35 kV、66 kV、110 kV、220 kV、330 kV、500 kV、750 kV、1000 kV 等。其中，0.22 kV 为单相交流电，其余均为三相交流电。

一般城市或大工业企业配电采用六 kV 或十 kV 电压等级的电网。一百一 kV、二百二 kV、三百三 kV、五百 kV 等高电压等级多用于远距离输电。为了使电气设备生产标准化，各种电气设备都规定有额定电压。当电气设备在额定电压（铭牌上所规定的电压）下长期工作时，其技术性能和经济性能达到最佳。

1. 用电设备的额定电压

我国规定，用电设备的额定电压与同级电网的额定电压相等，为使生产标准化，通常采用线路首端电压和末端电压的算术平均值作为用电设备的额定电压，此电压即为电力网的额定电压，即用电设备的额定电压等于电力网的额定电压。

2. 发电机的额定电压

发电机的额定电压一般取为电力网额定电压的 105%，因为电力网的电压损失通常为 10%，若首端电压比电力网的额定电压高 5%，则末端电压比电力网的额定电压低 5%，从而保证用电设备的工作电压偏移均不会超过允许范围，一般为 ±5%。

通常 6.3 kV 多用于 50 MW 及以下的发电机，10.5 kV 用于 25~100 MW 的发电机，13.8 kV 用于 125 MW 的汽轮发电机和 72.5 MW 的水轮发电机，15.75 kV 用于 200 MW 的汽轮发电机和 225 MW 的水轮发电机，18 kV 用于 300 MW 的汽轮和水轮发电机。

3. 变压器的额定电压

升压变压器一般是与发电机电压母线或与发电机直接相连的，所以升压变压器一次绕组的额定电压与发电机的额定电压相同；而降压变压器的一次绕组为受电端，可以看作用电设备，所以降压变压器一次绕组的额定电压等于电力网的额定电压（厂用变压器例外）。变压器二次绕组的额定电压根据变压器短路电压的百分数来确定。短路电压百分数在七点五及以下的变压器，其二次绕组的额定电压取所在电网额定电压的105%；短路电压百分数在七点五以上的变压器，其二次绕组额定电压取所在电网额定电压的 110%。

4. 额定电流

电气设备的额定电流（铭牌中的规定值）是指在规定的周围环境温度下，允许长期连续通过设备的最大电流，并且此时设备的绝缘和截流部分被长期加热达到的最高温度不超过所规定的长期发热允许的温度。

我国采用的基础环境温度如下：

电力变压器和电器（周围空气温度）40 ℃

发电机（冷却空气温度）35~40℃

裸导线、裸母线、绝缘导线（周围空气温度）25℃

二、电力系统中性点运行方式

三相交流电的三相绕组接成星形接线时，它的公共点称为中性点，中性点引出的线称为中性线。中性点与地之间的连接方式称为中性点运行方式。

电力系统中性点接地属于工作接地，是保证电力系统安全可靠运行的重要条件。

我国对电力系统中性点运行方式规定如下：一百一 kv 及以上系统采用中性点直接接地方式；35 kV 及以下系统采用中性点不接地或经消弧线圈接地方式；380 V/220 V 配电系统采用中性点直接接地方式。

（一）中性点直接接地系统

若中性点直接接地，中性点电位便是零电位，无论哪一相故障，其他两相永远是相电压，不会变为线电压，这样每相绝缘就可按相电压考虑，不必按线电压考虑。这对一百一 kV 及以上电力系统的经济意义是十分重大的，因为一百一 kV 以上电力系统有数量极多的电气设备，这些设备的绝缘都只要按相电压考虑，设备生产制造的成本就大大下降，而且系统绝缘水平也只要按相电压考虑，所以从经济角度考虑，一百一 kV 及以上电力系统采用中性点直接接地方式，接地点数量可根据系统运行情况及接地短路电流情况确定。但是采用中性点直接接地方式后，运行中有一相接地时就构成单相接地短路，线路会自动跳闸，对供电可靠性就有影响，为此，在线路上一般都装有自动重合闸装置。线路接地等故障都是瞬间性的，例如飞鸟、树枝、刮风及其他小动物等引起线路故障，但很快线路又恢复正常，所以装了自动重合闸装置后，断路器自动跳闸马上又自动重合一次，往往就可立即恢复送电，据运行统计，重合闸重合成功率达 80% 以上，这样对改善供电可靠性就起了很大作用。

中性点直接接地系统因为发生接地时构成单相接地短路，短路电流很大，所以中性点直接接地系统又称大接地电流系统。

（二）中性点不接地系统

在电力系统中性点不接地系统中，当发生单相接地时，若不计元件对地的电容，则接地电流为零。实际上各元件对地都存在电容，特别是各相导体之间及相对地之间都存在沿全长均匀分布的电容，所以在不接地系统中发生单相接地时，会有电容电流存在，电容电流的大小决定于系统规模。一般在不接地系统中发生单相接地故障时，线路不会跳闸，不会影响送电，所以不接地系统最大的优点是供电可靠性相对较高。但不接地系统对绝缘水平的要求高，因为在不接地系统中发生单相接地后，健全相对地电压会升高到原来对地电压的 $\sqrt{3}$ 倍，即一点七三二倍，所以系统的绝缘及电气设备绝缘都要按线电压考虑，在绝缘上的投资相应要增加。另外，系统网络规模比较大时，单相接地电容电流会很大，在接地点会产生很大的间歇电弧，会引起系统发生谐振过电压，损坏电气设备。所以，当系统接地电容电流大到一定数值时，需装消弧线圈，中性点经消弧线圈接地。

不接地系统因发生单相接地时电流是接地电容电流，相对来讲，电流较小，所以不接地系统又称小接地电流系统。

（三）中性点经消弧线圈接地系统

如上所述，在中性点不接地系统中，当电网规模较大且发生单相接地时，其接地电容电流会较大，会产生严重的间歇电弧，引发系统产生很高的谐振过电压。为避免发生这种情况，应该采取措施。通常是采用中性点经消弧线圈接地方式。消弧线圈是带铁芯的电感线圈，用它补偿接地电容电流，达到减少接地电流、防止产生间歇电弧、避免发生谐振过电压、保护系统运行安全的目的。选择和装设消弧线圈时，一般采用过补偿方式。所谓过补偿方式，就是使电感电流大于电容电流，只有这样才能在运行线路减少，线路对地电容减少使电容电流减少的情况下也不会发生系统谐振。

一般在下列情况时，应装设消弧线圈，即中性点应经消弧线圈接地。即：电压为二十至六十六 kV 系统的接地电容电流大于十 A 时，六至十 kV 系统的接地电容电流大于 30 A 时，6~10 kV 的发电机接地电容电流大于规定值时（6.3 kV 容量小于 50 MW 允许值为 4 A，10.5 kV 容量 50~100 MW 允许值为 3 A 等）。

第二节　水电站的电气设备类型

一、按电气设备所属电路性质分类

（一）电气一次设备

电气一次设备是指直接生产、变换、输送和分配电能的电气设备，其分类如下：

（1）生产电能的设备。指用于生产电能的设备，如发电机。

（2）转换设备。按水电站电气系统工作的要求来改变电压、电流或电能的设备。如电力变压器、电流互感器、电压互感器、电动机等。

（3）控制设备。按水电站电气系统工作的要求来控制一次电路的通、断，例如各种高低压开关。

（4）保护设备。用来对水电站电气系统进行过电流和过电压等的保护。例如熔断器和避雷器。

（5）成套设备。按要求将有关水电站电气一次设备及电气二次设备组合为一体的电气装置、如高压开关柜、低压配电屏等。

（二）电气二次设备

电气二次设备是指对电气一次设备的工作进行监视、测量、控制和保护等电气设备。其分类如下。

（1）测量仪表。主要用于测量一次电路中的运行参数值，如电压表、电流表、功率表、功率因数表等。

（2）继电保护及自动装置。它们用以迅速反应电气故障或者不正常运行情况，并根据要求进行切除故障或作相对应的调整。

（3）直流设备。供给保护、操作、信号及事故照明等设备的直流用电，如直流发电机组、蓄电池、整流装置等。

（4）信号设备及控制电缆等。信号设备给出信号或显示运行状态标志，控制电缆用于连接二次设备。

二、按安装地点分类

（一）屋内式电气设备

电气设备安装于屋内，如屋内高低压开关电器、屋内变压器、互感器等。由于电气设备安装于屋内，所以受气候和环境的影响较小。

（二）屋外式电气设备

电气设备安装于屋外，如屋外高低压开关电器、屋外变压器、互感器等。由于电气设备安装于屋外，所以受气候和环境的影响较大，运行条件较差，对其外绝缘及密封性要求较高。

三、按电压等级分类

（一）低压电气设备

通常额定电压在 1kV 及以下的电气设备称为低压电气设备。目前我国低压电气设备的电压等级主要有二百二十至三百八十 V 和三百八十至六百六十 V。

（二）高压电气设备

额定电压在 1kV 以上至二百二十 kV 的电气设备称为高压电气设备。目前我国高压电气设备的电压等级主要有 3kV、6kV、10kV、35kV、66kV、110kV、220kV。

（三）超高压电气设备

额定电压在三百三十 kV 及以上至七百五十 kV 的电气设备称为超高压电气设备。目前我国超高压电气设备的电压等级有三百三十 kV 和五百 kV。

（四）特高压电气设备

额定电压在一千 kV 及以上的电气设备称为特高压电气设备。目前我国正在研究这类额定电压的电气设备，为长江三峡水电站的电力输送服务。

四、按组装方式分类

（一）现场组装的电气设备

将电气设备或其部件运到现场进行装配或连接。目前大多数电气设备都属于此类。

（二）成套电气设备

在制造厂按要求把某些电气设备组合在一起，然后再装入封闭和不封闭的金属箱（柜）中，即构成成套电气设备，如高电压开关柜、SF6 气体绝缘全封闭电器（GIS）、箱式变电所、低压配电盘和配电箱等。其中箱式变电所可用于屋外。

五、按采用的绝缘介质分类

（一）油浸式电气设备

用油作为绝缘介质的电气设备，称为油浸式电气设备，如油浸式变压器、油浸式互感器、多油或少油断路器等。

（二)SF6 电气设备

以 SF6 气体作为绝缘介质的电气设备，称为 SF6 电气设备，如 SF6 断路器、SF6 变压器、SF6 互感器、SF6 电缆、SF6 气体绝缘全封闭电路（GIS）等。

（三）真空电气设备

以真空作为绝缘介质的电气设备；称为真空电气设备，如真空断路器、真空负荷开关、真空重合器等。

（四）干式电气设备

以环氧树脂等作为绝缘介质的电气设备，称为干式电气设备，如干式变压器、干式互感器等。

六、按所处状态分类

（一）运行状态电气设备

运行状态电气设备是指设备的隔离开关及断路器都在开关位置，它们将电源至受电端间的电路接通（包括辅助设备，如电压互感器、避雷器等的投入）的电气设备，称为运行状态电气设备。

（二）热备用状态电气设备

热备用状态电气设备是指设备只靠断路器断开而隔离开关仍在合上位置，其特点是断路器一经合闸操作，即可以进入运行状态。

（三）冷备用状态电气设备

冷备用状态电气设备是指设备的断路器及隔离开关（若实际接线中存在）都在断开位置，手车式断路器无隔离开关者，应该退出至"试验位置"。

（四）检修状态电气设备

检修状态电气设备是指设备的所有断路器、隔离开关均断开（包括手车式断路器应拉出柜外）。验电并装好工作接地线或合上接地隔离开关（包括挂好标示牌、装好临时遮拦等），表示该设备处于检修状态。根据设备不同，检修状态可分为断路器检修、线路检修、母线检修和变压器检修等。

七、按发供电的重要性分类

（一）主电气设备

发电厂和供电局的主电气设备包括：发电机（包括励磁系统）、调相机（静止补偿器）、变频机、3kV 及以上的主变压器、电抗器、高压母线和配电变压器、断路器、线路（电力电缆）等 [但不包括 3kV 及以上的厂用其他电气设备]。

（二）主要辅助设备

单指那些发生了故障就能直接影响发供电主要设备安全运行的辅助设备，其中电气设备包括与磨煤机、排粉机等配套电动机、消弧线圈、厂用变压器、厂用母线、3kV 及以上隔离开关、互感器、避雷器、蓄电池等。

第三节　电力系统的中性点运行方式

一、高压、超高压与特高压电力系统

电力系统的中性点是指星形连接的变压器或发电机的中性点，其运行方式有不接地、经电阻接地、经电抗接地、经消弧线圈接地或直接接地等多种。我国高压、超高压、特高压电力系统目前所采用的中性点运行方式主要有不接地、经消弧线圈接地和直接接地等。

（一）中性点不接地（绝缘）的三相系统

在我国电力行业标准《交流电气装置的过电压保护和绝缘配合》中规定，三至十kV不直接连接发电机的系统和三十五kV、六十六kV系统，当单相接地故障电容电流不超过下列数值时，应采用不接地方式：

（1）3~10kV钢筋混凝土或金属杆塔的架空线路构成的系统和所有35kV、66kV系统，10A。

（2）3~10kV非钢筋混凝土或非金属杆塔的架空线路构成的系统，当电压为：① 3kV和6kV时，三十A；② 10kV时，二十A。

（3）3~10kV电缆线路构成的系统，三十A。

中性点不接地的电力系统，在正常运行时的电路图和相量图如图1-1所示。

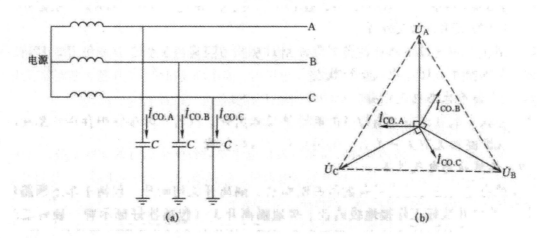

图1-1　中性点不接地电力系统的正常工作状态

（a）电路图；（b）相量图

　　由于任意两个导体间隔以绝缘介质时，就形成电容，因此三相交流电力系统中的相与相之间及相与地之间都存在着一定的电容。为了讨论问题简化起见，假设图1-1（a）所示的三相系统的电源电压及线路参数都是对称的，而且把相与地之间的分布电容都用集中电容 C 来表示，相间电容对所讨论的问题无影响而予以略去。

　　系统正常运行时，三个相的相电压 $\dot{U}_A, \dot{U}_B, \dot{U}_C$ 是对称的，三个相的对地电容电流 $\dot{I}_{CO}$ 也是平衡的。因此三个相的电容电流的相量和为零，没有电流在地中流动。相对地的电压，就等于其相电压。

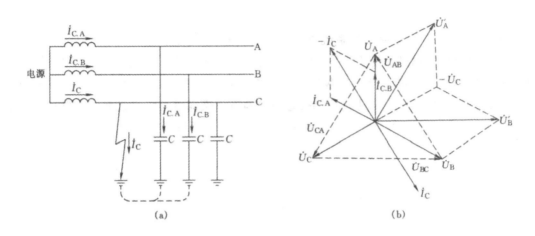

图1-2　中性点不接地系统的单相接地

（a）电路图；（b）相量图

　　系统发生单相接地故障时，例如 C 相接地，如图1-2（a）所示。这时 C 相对地电压为零，而 A 相对地电压 $\dot{U}'_A = \dot{U}_A + \left(-\dot{U}_C\right) = \dot{U}_{AC}$，B 相对地电压 $\dot{U}'_B = \dot{U}_B + \left(-\dot{U}_C\right) = \dot{U}_{BC}$，如图1-2（b）的相量图所示。由此可见，C 相接地时，非故障的 A、B 两相对地电压都由原来的相电压升高到线电压，即升高为原对地电压的 $\sqrt{3}$ 倍。

　　C 相接地时，系统的接地电流（电容电流）$\dot{I}_C$ 应为 A、B 两相对地电容电流之和。由于一般习惯将从电源到负荷的方向取为各相电流的正方向，因此

$$\dot{I}_C = -\left(\dot{I}_{CA} + \dot{I}_{CB}\right)$$

　　由图1-2（b）的相量图可知，$\dot{I}_C$ 在相位上正好超前 $\dot{U}_C$ 90°；而在量值上，由于 $I_C = \sqrt{3} \times I_{CA}$，又 $I_{CA} = U'_A / X_C = \sqrt{3} U_A / X_C = \sqrt{3} I_{CO}$，因此

$$I_C = 3 I_{CO}$$

（1-1）

　　即单相接地的电容电流为正常运行时每相对地电容电流的三倍。

由于线路对地的电容 C 不好确定，因此 I_{CO} 和 IC 也不好根据 C 来精确计算。一般采用经验公式来计算电源中性点不接地系统的单相接地电容电流。此经验公式的数值方程为

$$I_C = \frac{U_N\left(l_{ah} + 35l_{cab}\right)}{350}$$

（1-2）

式中

IC——系统的单相接地电容电流，A；

UN-——系统的额定电压，kV；

l_{ah}——同一电压 UN 的具有电的联系的架空线路总长度，km；

l_{cab}——同一电压 UN 的具有电的联系的电缆线路总长度，km。

由于中性点不接地电力系统发生单相接地时的接地电流较小，所以这种系统又称为小接地电流系统。

当发生不完全接地（即经过一些接触电阻接地）时，故障相对地的电压将大于零而小于相电压，而其他完好相对地的电压则大于相电压而小于线电压，接地电容电流也较式计算值小。

应当指出，当中性点不接地的电力系统中发生单相接地时，三相用电设备的正常工作并未受到影响，因为线路的线电压无论相位和量值均未发生变化，这从图 1-2（b）的相量图可以看出，因此三相用电设备仍然照常运行。但是这种系统不允许在单相接地的情况下长期运行，其原因是：①若另一相又发生接地故障时，则形成两相接地短路，进而产生很大的短路电流，可能损坏线路及用电设备；②单相接地电容电流可能在接地点引起电弧，形成间歇性弧光接地过电压，将影响系统的安全运行。因此在中性点不接地的系统中，应该装设专门的单相接地保护或绝缘监察装置，在发生单相接地时，给予报警信号，以提醒值班人员注意，及时处理。

按规程规定：中性点不接地的电力系统发生单相接地故障时，允许暂时继续运行 2h。运行维修人员应争取在二 h 内查出接地故障，予以修复；如有备用线路，就应将负荷转移到备用线路上去。在经过二 h 后接地故障尚未消除时，就应该切除此故障线路。

（二）中性点经消弧线圈接地的三相系统

在上述中性点不接地的三相系统中，在发生单相接地故障时，尽管可以继续供电，但在单相接地故障电流超过上述 DL/T 620 的规定时，可能会在接地点引起间歇性弧光接地，电弧周期性的熄灭和重燃，产生危险的间歇性弧光接地过电压（最大可达三点五倍相电压），造成电力设备绝缘损坏。为了防止单相接地时接地点出现间歇性弧光接地，当单相接地故障电流超过上述 DL/T 620 的规定时，应当采用中性点经消弧线圈接

地的运行方式。

目前电力系统装设的消弧线圈的类型如下。

1. 人工调谐消弧线圈

这类传统式的消弧线圈是一个具有铁芯的可调电感线圈，装设在变压器或发电机中性点。当发生单相接地故障时，可形成一个与接地电容电流大小接近相等而方向相反的电感电流，这个滞后电压九十度的电感电流与超前电压九十度的电容电流相互补偿；最后使流经接地处的电流变得很小或者等于零，进而限制了接地处的电弧以及由它产生的危害。消弧线圈由此得名。

2. 自动消弧线圈

这类消弧线圈是一种可自动调谐、自动检出与消除单相永久性接地故障的消弧线圈。它与前者相比具有显著的优越性：①避免人工调谐的诸多麻烦；②不会使电网的全部或部分在调谐过程中失去补偿；③调谐精度高，可使接地电弧瞬间熄灭，以限制弧光接地过电压的危害。

根据自动消弧线圈的调节方式，又可将其分为两类：

（1）预调式自动消弧线圈。它是在电网正常运行的情况下，即发生单相接地故障之前，根据跟踪测量电容电流的结果，预先将消弧线圈调整到合理的补偿位置。由于调谐时间允许稍长，一般可由机械传动机构来完成。此类消弧线圈主要有动匝式、动铁式和动圈式等。

（2）随调式自动消弧线圈。它是在电网发生单相接地以后，迅速自动将消弧线圈调整到合理的补偿位置。由于响应时间要求很短，所以必须由电气调节装置来实现。此类自动消弧线圈主要有调容式、调感式、磁阀式和直流助磁式等。

在中性点经消弧线圈接地的三相系统中，与中性点不接地的系统一样，允许在发生单相接地故障时暂时继续运行 2h。在此期间内，应积极查找故障；在暂时无法消除故障时，应设法将负荷转移到备用线路上去。

中性点经消弧线圈接地的系统，在单相接地时，其他两相对地电压也要升高到线电压，即升高为原对地电压的 $\sqrt{3}$ 倍。

（三）中性点直接接地的三相系统

中性点直接接地的三相系统也叫大电流接地系统。这种系统发生单相接地时，通过接地点的短路电流很大，会烧坏电气设备。因此发生接地故障后，电网不能再继续运行供电，此时继电保护应瞬时动作，使断路器跳闸，及时消除故障。

电网采用中性点直接接地运行方式的主要优点是单相接地时中性点电位接近于零，非故障相的对地电压接近于相电压，可以使电网的绝缘水平和造价降低。目前我国一百一 kv 及以上的电网基本上都采用中性点直接接地运行方式。

二、低压供配电系统

（一）接地型式

1.TN 系统

在 TN 系统中，按照中性线与保护线的组成情况，又分为 TN-C、TN-S、TN-C-S 三种系统。其中 TN-C 系统为三相四线制供配电系统，TN-S 系统为三相五线制供配电系统，而 TN-C-S 系统为三相四线与三相五线的混合系统。

2.TT 系统

TT 系统也属于三相四线制供配电系统。

3.IT 系统

IT 系统属于三相三线制供配电系统。

对上述字母的含义说明如下。

第一个字母表示电源对地关系：T 为直接接地；I 为不接地或者经电阻接地。

第二个字母表示装置外露的可导电部分的对地关系：T 为装置外露的可导电部分接地，并且与供配电系统接地相互独立；N 为装置外露的可导电部分接地，并与供配电系统直接连接。

（二）上述接地型式的特点与应用范围

1.TN–C 系统

（1）特点

①电源中性点直接接地。

②整个系统的 PE 线与 N 线是合一的，称为 PEN 线。

③电气设备的外露可导电部分均接 PEN 线（通常称为"接零"）。

④PEN 线中可有电流流过，因此可对某些接 PEN 线的电气设备产生电磁干扰。

⑤如 PEN 线断线，可使接 PEN 线的电气设备外露可导电部分带电，而导致人身触电危险。

⑥由于 PE 线与 N 线合一，因而可节约有色金属和节约投资。

⑦在发生单相接地故障时，线路的过电流保护装置动作，将故障线路切除。

（2）应用范围

在我国低压供配电系统中应用最为普遍，但是不适用于对安全要求和抗电磁干扰要求高的场所。

2.TN–S 系统

（1）特点

①电源中性点直接接地。

②PE 线与 N 线分开，电气设备的外露可导电部分均接 PE 线。

③由于 PE 线与 N 线分开，PE 线中无电流流过，因此对接 PE 线的电气设备不会产生电磁的干扰。

④ PE 线断开时，在正常情况下不会使接 PE 线的电气设备外露可导电部分带电，但在有电气设备发生单相接壳故障时，将使其他所有接 PE 线的电气设备外露可导电部分带电，而造成人身触电危险。

⑤在发生单相对地短路时，电流保护装置动作，将故障线路切除。

⑥由于 PE 线与 N 线分开，进而使有色金属消耗量和初投资费增加。

（2）应用范围

①对安全要求较高的场所，如潮湿易触电的浴池等地及居民生活住所。

②对抗电磁干扰要求高的数据处理、精密检测等试验场所。

3.TN–C–S 系统

（1）特点

①电源中性点直接接地。

②该系统的前面部分全为 TN-C 系统，而后面有一部分为 TN-C 系统，另一部分为 TN-S 系统。

③电气设备的外露可导电部分接 PEN 线或 PE 线。

④该系统综合了 TN-C 系统和 TN-S 系统的特点。

（2）应用范围

此系统比较灵活，对安全要求和抗电磁干扰要求较高的场所采用 TN-S 系统供电，而其他情况则采用 TN-C 系统供电。

4.TT 系统

（1）特点

①电源中性点直接接地。

②该系统中无公共 PE 线，电气设备的外露可导电部分经各自的 PE 线直接接地。

③由于各电气设备的 PE 线之间无电气联系，因此相互之间无电磁干扰。

④当系统发生单相接地故障时，则形成单相短路，过电流保护装置动作，切除故障电气设备。

⑤当系统出现绝缘不良引起漏电时，因漏电电流较小，不足以使过电流保护装置动作，进而使漏电设备的外露可导电部分长期带电，产生了人体触电的危险，因此为保障人身安全，该系统应该装设灵敏的触电保护装置。

⑥省去了公共 PE 线，较 TN 系统经济，但电气设备单独装设 PE 线，又增加了工作量。

（2）应用范围

该接地型式适用于安全要求及时抗电磁干扰要求较高的场所。国外这种系统应用较普遍，我国也开始推广应用。《住宅设计规范》就规定：住宅供电系统"应采用 TT、TN-C-S 或 TN-S 接地方式。"

5. IT 系统

（1）特点

①电源中性点不接地，或经高阻抗（约一万）接地。

②没有 N 线，因此不适用于接额定电压为系统相电压的单相用电设备，只能接额定电压为系统线电压的单相用电设备。

③电气设备的外露可导电部分经各自的 PE 线分别接地。

④由于各电气设备的 PE 线之间无电气联系，因此相互之间无电磁干扰。

⑤当系统发生单相接地故障时，三相用电设备及接线电压的单相设备仍能继续正常运行。

⑥应接设单相接地保护装置，以便在发生单相接地故障时给予报警信号。

（2）应用范围

对连续供电要求较高以及有易燃、易爆危险的场所，宜采用 IT 系统，特别是矿山、井下等场所。

第四节　对电气设备运行的要求及规定

一、对电气设备运行的要求

（一）安全运行

电气设备的安全运行直接影响电网的安全、经济供电。为保证电气设备安全运行应做到以下几点：

（1）选用高质量的电气设备。运行要求表明，电气设备质量直接影响其安全运行，所以，在购置电气设备时一定要把好"进口"关，购买国家定点生产厂的优质产品，杜绝劣质产品。

（2）严格进行交接试验。交接试验是指对新安装和大修后的电气设备在投入运行前所进行的试验。我国国家标准《电气装置安装工程电气设备交接试验标准》，对各种电气设备的试验项目、试验方法及要求都做了明确规定，应当严格执行。通过试验将具有隐患的电气设备检查出来，防止在运行中发生事故。另外，也可以积累资料，作为分析电气设备运行异常的参考。

（3）严格进行预防性试验。预防性试验是对已投入运行的电气设备所进行的试验。我国电力行业标准《电力设备预防性试验规程》对各种电气设备的试验项目、试验方法、试验周期和要求也做了明确的规定，应当认真、严格执行，用以判断电气设备是否符合运行条件，预防电气设备损坏。实践证明，它对保证电气设备的安全运行具有重要意义。

应当指出为更及时、准确发现电气设备绝缘缺陷，目前我国已在很多电气设备上开展在线监测，收到良好效果。

（4）加强运行维护。加强对电气设备运行维护是减少事故，实现安全生产的重要手段之一。运行维护的主要内容是当班人员认真监视和记录仪表的指示，巡视电气设备的运行状态，发现异常情况应该认真分析，及时处理，排除隐患，以避免酿成事故。

不同设备的运行维护要求可参阅有关设备的运行规程。目前我国颁发的电气设备运行规程将在后面做简要介绍。

（5）提高检修质量。电气设备检修是指为保持或者恢复电气设备完成规定功能的能力而采取的技术活动。其重要意义是：①使电气设备处于良好的技术状态，满足生产的需要；②保证电气设备安全、经济运行，提高设备可用系数，充分发挥设备的潜能；③保证电力系统安全运行。可见电气设备检修意义重大，因此各级管理部门和检修工作者都必须充分重视检修工作，增强质量意识，切实贯彻"应修必修，修必修好"的原则。

目前我国采用以定期检修为主的检修制度。所谓定期检修是指按主管部门颁发的全国统一的规程所规定的项目、周期进行。可见它是以时间为基础的检修制度。这种检修制度，对减少和防止电气设备事故起到了很好的作用，但随着电气设备电压增高、容量增大、可靠性要求提高，也暴露出这种检修制度的不足，主要是：①检修具有盲目性和强制性；②过度检修可能造成新的隐患；③检修后进行耐压试验可能对绝缘造成损伤。基于此，国内外都在开展状态检修研究。它以状态监测与故障诊断为基础。根据电气设备的状态决定是否需要检修，该修即修，不做无为的检修。这种检修制度的推广不仅能保证设备可靠运行，将会带来很大的经济效益。

（二）经济运行

在保证电气设备安全运行的前提下，应千方百计地使电气设备经济运行。电气设备的经济运行除上述的有关内容外，还应该做好下列工作：

（1）选用低损耗的电气设备，如配电变压器应优先选用新 S_9，SH_{11}，S_{11}，S_{13} 的低损耗变压器。又如电动机，应选用新的 Y 系列电动机，它与老型号的 JO2 系列电动机相比，效率又提高了 0.413%。

（2）合理选择电气设备容量。例如合理选择电力变压器容量，使之接近于经济运行状态，这样会带来可观的经济效益。

（3）合理调整电气设备运行方式。例如对于负荷率长期偏低的变压器，可以考虑换以较小容量的变压器。如果运行条件允许，两台并联运行的变压器，可以考虑在低负荷时切除一台。

（4）正确迅速地处理发生故障的电气设备。当电气设备发生故障时，应迅速正确处理，从而及早恢复正常运行，以减少经济损失。

（5）严格遵守各项规章制度，防止事故造成重大损失。其中原能源部颁发的行业标准《电业安全工作规程（发电厂和变电所电气部分）》《电业安全工作规程（电力线路部分）》尤为重要，首先应当学好，并在实际工作中切实执行。

二、对电气设备运行的规定

为保证电气设备安全、经济运行，我国制订了相应的电气设备运行规程。在规程中，对电气设备运行中的有关问题作了详细规定，现将有关规程的名称及其规定的主要内容简介如下：

1. 电力行业标准:《水轮发电机运行规程》

主要内容包括：总则，发电机的运行方式，发电机运行的监视和检查维护，发电机不正常运行和事故处理，发电 / 电动机运行。

2. 电力行业标准:《电力变压器运行规程》

主要内容包括：适用范围，电力变压器运行的基本要求，运行方式，运行及维护，不正常运行和处理，以及安装、检修、试验、验收的要求。

3. 电力行业标准:《互感器运行检修导则》

有关互感器运行部分的主要内容包括：互感器运行的基本要求，运行检查与操作，技术监督以及异常运行与处理。

4. 电力行业标准:《架空送电线路运行规程》

主要内容包括：架空送电线路运行的基本要求、技术标准，并对线路巡视、检测、维修、技术管理提出了具体要求。

5. 电力行业标准:《六氟化硫电气设备运行、试验及检修人员安全防护细则》

主要内容包括:SF6 气体的安全使用,SF6 电气设备运行和解体时的安全防护措施。

6. 电力行业标准:《气体绝缘金属封装开关设备运行及维护规程》

主要内容包括：气体绝缘金属封闭开关设备运行及维护的基本技术要求，GIS 运行以及维护的安全技术措施，SF6 气体的质量监督，以及 GIS 在解体检修后应该进行的试验、分解检查程序。

　　每个运行人员都应当认真学习运行规程，切实执行运行规程，不断总结运行经验，提高运行水平。

第二章　水电站电气主接线

第一节　电气主接线

一、电气主接线的定义及应用

电气主接线是指将各电气一次设备（例如发电机、变压器、断路器、隔离开关、互感器、电抗器、母线、电缆等）按其作用和生产顺序连接起来，并用国家统一的图形和文字符号表示的生产、输送、分配电能的电路。

因为电气设备每相结构一般都相同，所以电气主接线一般以单线图表示，即只表示电气设备一相的连接情况，对于局部三相配置不同的地方画成三线图，在电气主接线图上还应标出设备的型号和主要技术参数。

通常将整个电气装置的实际运行情况做成模拟主接线图，称为操作图，老电站一般贴在中控室墙上，在操作图上仅表示主接线中的主要电气设备，图中的开关电器对应的是实际运行的通断位置。当改变运行所处的地方式时，运行值班人员应该根据操作电路图准确地进行倒闸操作，操作后在操作图上及时更改开关位置。当设备检修需要挂接地线时，也应在操作图上按实际挂接地线的位置标出接地线在图中位置。实行计算机监控的新电站则在上位机屏幕上显示模拟主接线图。

二、对电气主接线的基本要求

电气主接线是电气运行人员进行各种操作和事故处理的重要依据，它是电气部分的主体，它直接关系到全厂电气设备的选择、配电装置的布置、继电保护和自动装置的确定，同时直接影响电气部分投资的大小，直接关系电力系统的安全、稳定、灵活、经济运行，因此在拟定主接线时，必须结合具体情况，考虑综合因素，在满足国家经济政策的前提下，力争使其技术先进、安全可靠、经济合理。如果满足以上要求要做到：

（1）根据系统和用户的要求，保证电能质量和必要的供电可靠性；

（2）接线简单，操作简便，运行灵活，维护方便；

（3）技术先进，经济合理；

（4）具有将来发展和扩建的可能性。

三、电气主接线的基本形式

发电厂、变电站的主接线形式指的是发电厂、变电站采用的电压等级、各级电压的进出线状况及其横向联络关系。在进出线确定后，根据其有无横向联络，可将主接线分为有横向联络的接线与无横向联络的接线。

据联络方式的不同，有横向联络的接线又分为有汇流主母线类的接线和无汇流主母线类的简易接线。有汇流主母线类的接线包括单母线、双母线接线；无汇流主母线的简易接线包括桥形接线和角形接线。

（一）有汇流主母线类的接线

1. 单母线接线

（1）不分段的单母线接线

运行时要求全部断路器和隔离开关均投入。断路器用来接通和切断正常电路，故障时切除故障部分，保证非故障部分正常运行。隔离开关的作用是在停电检修时隔离带电部分和检修部分，形成明显的断开点，保证检修工作的安全。当出线回路对侧有电源时，为了检修断路器的安全，出线断路器两侧均应装设隔离开关；而电源与断路器之间可不装设隔离开关，检修电源回路的断路器时可让电源停止工作，但为了试验的方便，也往往装设隔离开关。隔离开关无专门灭弧装置，不能作为操作电器。隔离开关和断路器在正常运行操作时必须严格遵守操作顺序，隔离开关必须"先合后开"，或在等电位状态下进行操作。

如线路停电检修，操作步骤是：①打开断路器，并确定断路器确在断开位置；②打开负荷侧隔离开关；③打开母线侧隔离开关；④做好安全措施，如在有可能来电的各侧挂上接地线（110 kV 及以上电网常用带接地刀的隔离开关，则只要合上接地刀）。

检修后给线路送电操作步骤是：①拆除安全措施并检查该支路断路器确在断开位置；②合上母线侧隔离开关；③合上线路侧隔离开关；④合上断路器。单母线接线的优点是结构简单、操作简便、不易误操作，投资省、占地小、易于扩建。

单母线接线的缺点是一旦汇流主母线故障，将会使全部支路停运，且停电时间很长，一般只适合于发电机容量较小、台数较多而负荷较近的小型电厂和十至三十五 kV 出线回路数不多于四回的变电站。

（2）分段的单母线接线

①用隔离开关分段的单母线接线

为了避免单母线接线可能造成全厂停电的情况，可以用隔离开关分段，电源和引出线在母线各段上分配时应尽量使各分段的功率平衡。用隔离开关分段后运行的灵活性增加了，即正常时既可选择分段隔离开关打开运行，也可选择分段隔离开关合上运行。若选择分段隔离开关合上运行，则如果Ⅰ段母线发生故障，整个装置短时停电后，等分段隔离开关打开后，接在未发生故障的Ⅱ段母线上的电源、负荷均可恢复运行；若正常时选择分段隔离开关打开运行，则一段母线故障时将不影响另一段母线的运行，这两种情况均比不分段的单母线接线供电可靠性高。

②用断路器分段的单母线接线

为进一步提高可靠性和灵活性，可用断路器代替隔离开关将母线进行分段。分段断路器装有继电保护装置，当某一分段母线发生故障时，分段断路器在继电保护作用下会自动跳开，非故障母线的正常供电就不会受影响。母线检修也可分段进行，避免了全部停电。因为两段母线同时故障的概率几乎为零，所以一类重要负荷可从不同分段上引接，保证其必需的供电可靠性。

用断路器分段的单母线接线广泛用于中小容量发电厂的六至十 kV 接线和六至一百一 kV 的变电站中。为保证供电可靠性，用于六至十 kV 时每段容量不宜超过二十五 MW，用于三十五至六十 kV 时出线回路数一般为四至八回，用于一百一至二百二十 kV 时回路数以三至四回为宜。

分段的单母线接线虽比不分段的单母线接线可靠性、灵活性高，但任一回路的断路器检修时，该回路依旧必须停电。为了检修断路器时不中断供电，可加装旁路断路器和旁路母线。

2. 双母线接线

双母线单断路器接线具有两组母线，两组母线间通过母联断路器连接起来，每一电源和出线都通过一台断路器、两组隔离开关分别接在两组母线上。

双母线单断路器接线可以有两种运行方式。一种方式是固定连接分段运行方式，即一些电源和出线固定连接在一组母线上，另一些电源和出线固定连接在另一组母线上，母联断路器合上，相当于单母线分段运行；另一种方式为一组母线工作，一组母线备用，全部电源和出线接于工作母线上，母联断路器断开，相当于单母线运行。前一种运行方式可靠性较高，完善且改正了母线故障整个装置停电的缺点，但母线保护较复杂，所以双母线正常运行时一般都按单母线分段的方式运行。后一种运行方式一般在检修母线或某些设备时应用。采用双母线后，运行的可靠性和灵活性都大大提高了。它表现在可以轮流检修母线而无须中断对用户的供电，个别回路需要独立工作或进行试验时可将该回路分出单独接到一组母线上。但双母线接线倒闸操作较复杂，易错误操作造成事故，且设备多，配电装置复杂、经济性差。

为进一步缩小母线停运的影响，可采用分段的双母线接线。为了检修出线断路器时避免该回路短时停电，则可装设旁路母线。

（二）无汇流主母线类的简易接线

1. 桥形接线

当只有两台变压器和两条线路时可采用桥形接线。该接线在 4 条电路中使用 3 个断路器，所用断路器数量较少，故比较经济。根据桥的位置和桥形接线可分为内桥接线和外桥接线（图 2-1）。

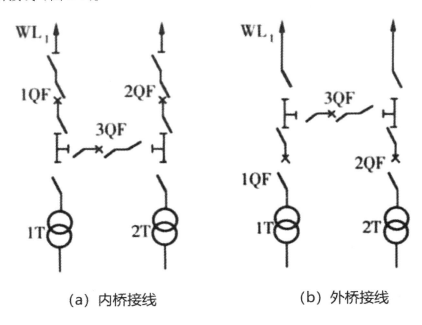

（a）内桥接线　　　　　　（b）外桥接线

图 2-1　桥形接线图

（1）内桥接线

内桥接线（图 2-1（a））的特点是每条线路上都有一台断路器，因此线路的切除和投入较方便，当线路发生短路时仅停该线路，其他三个回路仍可继续工作；而当变压器 1T 故障时，断路器 1QF、3QF 都要断开，从而影响同组线路 WL1 的供电。由于该线路的变压器切除和投入较复杂，所以内桥接线适应于线路较长、在系统中担任基荷的电站。

（2）外桥接线

外桥接线（图 2-1（b））的特点是变压器故障时仅停变压器，不影响其他回路工作。而当线路 WL1 故障时，1QF、3QF 都要跳开，会影响变压器的工作。该接线方式切除、投入变压器不易，进而对于切除、投入线路难，所以适用于线路较短、在系统中担任调峰作用的电站。桥形接线造价低，而且容易发展成单母线分段的接线，因此为了节省投资，负荷较小、出线回路数目不多的小变电站，可以采用桥形接线作为过渡接线。

2. 角形接线

角形接线结构是将各支路断路器连成一个环，然后将各支路接于环的顶点上，常用的角形接线有三角形接线和四角形接线。角形接线中断路器数目与回路数相同，比单母线分段和双母线接线均少用一个断路器，故比较经济。任一断路器检修时，支路不中断供电，任一回路故障仅该回路断开，其余回路不受影响，因此其可靠性较高。但是任一台断路器检修的同时某一元件又发生故障，则可能出现非故回路停电，系统在此处被解开，甚至会导致系统瓦解，而且在开环和闭环两种工况下，流过设备的电流不同，给设备选择带来困难。因而此接线仅适合用于容量不大的水电站。

第二节　变压器

一、变压器的作用

变压器是一种静止的电器，它通过线圈间的电磁感应作用，把一种电压的电能转换为同频率的另一种电压的电能，故称变压器。实际上，它在变压的同时还能改变电流，还可改变阻抗和相数。

变压器的主要部件是一个铁芯和套在铁芯上的两个绕组，最简单的单相变压器其铁芯是一个闭合的磁路，接电源的一个线圈叫原绕组（又称一次绕组或者初绕组），另一个线圈接负载称为副绕组（又称二次绕组或者次绕组）。若在副绕组两端接上一个灯泡作为它的负载，当原绕组与交流电源接通时，灯泡就会发光。这就是互感现象，变压器即按此理论制作。

当变压器的原绕组接入交流电源时，原绕组中就有交流电流源流过，此交变电流在铁芯中产生交变的主磁通，由于原、副绕组绕在同一铁芯上，故铁芯中的主磁通同时穿过原、副绕组，分别在原绕组中感应出该自感电动势，同时在副绕组中产生互感电动势，互感电动势对负载来讲就相当于它的电源电动势了，因此副绕组与灯泡连接的回路中也就产生了电流，使灯泡发光。

变压器在改变电压高低、电流大小的同时也传递了能量。若忽略变压器内部损耗，可认为变压器输出功率与输入功率相等。除此之外变压器的主要作用是变换电压、传送电能。

二、变压器的种类

变压器的种类很多，一般分为电力变压器和特种变压器两大类。电力变压器是电力系统中输电的主要设备，容量从几十千伏安到几十万千伏安。电压等级从几百伏到五百 kV 以上。电力变压器的主要类型有以下几种：

（1）按变压器的用途可以分为升压变压器、降压变压器、配电变压器、联络变压器（连接几个不同电压等级的电力系统）、厂用变压器（供发电厂本身用电）。

（2）按变压器的绕组可以分为双绕组变压器、三绕组变压器、多绕组变压器、自耦变压器（单绕组）。

（3）按电源相数分类分为单相变压器、三相变压器、多相变压器。

（4）根据变压器冷却条件来分，有干式变压器（空气自冷）、油浸式变压器（油浸自冷、油浸风冷、油浸水冷、强迫油循环），还有氟化物变压器（蒸发冷却）。

（5）按调压方式分为无载调压变压器、有载调压变压器。

（6）按铁芯或线圈结构分为芯式变压器（插片铁芯、C 型铁芯、铁氧体铁芯）、壳式变压器（插片铁芯、C 型铁芯、铁氧体铁芯）、环形变压器、金属箔变压器。

三、变压器的结构

变压器一般由铁芯、绕组、油箱及其附件组成。水电站常用三相油浸式变压器，它利用电磁感应原理工作。将铁芯和绕组浸在盛满绝缘油的变压器油箱中，油箱侧壁有冷却用的管子（散热器或冷却器）；由各种绝缘材料，如绝缘油、绝缘纸、酚醛压制品、环氧制品、绝缘漆、电瓷、布带、黄蜡管、黄蜡绸、木材等组成变压器的绝缘；设有由储油柜、油位计、净油器、吸湿器构成油保护装置，由安全气道、压力释放阀、瓦斯气体继电器等组成安全保护装置；温度计或温度信号器具安装在油箱盖上的测温孔内目的是测量变压器顶层油温；中小型变压器（容量在八千 kVA 及以下）采用油浸自冷方式冷却；当变压器容量超过一万 kVA 时，采用油浸风冷或强迫油循环水冷方式，并在变压器外面另装冷却风扇或油泵和水泵等冷却装置。

（一）油箱

油箱是油浸式变压器的外壳，器身就放置在灌满了变压器油的油箱内。油箱按变压器容量的大小，其结构基本上有两种型式：

1. 吊芯式油箱

由于中小型变压器器身相对外壳较轻。当器身需要检修时，可以将箱盖打开，吊出器身，就可以进行详细的检查和必要的修理。

2. 吊壳式油箱

随着变压器单台容量的不断增大，它的体积迅速增大，质量也随之增加。目前大型电力变压器均采用铜导线，器身质量都在二百吨以上，而总质量均在三百吨以上。这样庞大的变压器，对起吊器身带来了很多困难。因此，大型电力变压器箱壳都做成吊箱壳式，当器身要进行检修时，就吊出较轻的箱壳。

（二）铁芯

铁芯构成变压器的主磁路。为了提高导磁性能和减少铁损，一般用零点三五毫米厚、表面涂有绝缘漆的硅钢片叠成，基本形式有芯式和壳式等。

（三）绕组（线圈）

绕组是变压器最基本的组成部分，它与铁芯一起构成了电力变压器的本体，是建立磁场和传输电能的电路部分。

不同容量、不同电压等级的变压器，绕组形式也不一样。一般电力变压器中常采用同心和交叠两种结构形式。

同心式绕组是把高压绕组与低压绕组套在同一个铁芯上，一般是将低压绕组放在里边，高压绕组套在外边，以便绝缘处理。同心式绕组结构简单、绕制方便，故被广泛采用。

交叠式绕组又叫交错式绕组，在同一铁芯上，高压绕组、低压绕组交替排列，因此绝缘较复杂、包扎工作量较大。它的优点是力学性能较好，引出线的布置和焊接比较方便、漏电抗较小，一般用于电压为三十五 kV 及以下的电炉变压器中。

把低压绕组布置在高压绕组的里边主要是从绝缘方面考虑的。理论上不管高压绕组或低压绕组怎样布置，都能起变压作用。但因为变压器的铁芯是接地的，由于低压绕组靠近铁芯，从绝缘角度容易做到。如果将高压绕组靠近铁芯，则由于高压绕组电压很高，要达到绝缘要求，就需要很多的绝缘材料和较大的绝缘距离。这样不仅增大了绕组的体积，而且浪费了绝缘材料。

再者，由于变压器的电压调节是靠改变高压绕组的抽头，即改变其匝数来实现的，因此把高压绕组安置在低压绕组的外边，引线也较容易。

（四）散热器或冷却器

变压器运行时，绕组损耗和铁芯损耗产生的热量必须散出，以免温升过高。较小容量的油浸式变压器，其油箱壁压成瓦楞型或在油箱外面加焊扁管以增加散热面积；较大容量的油浸式变压器，其油箱外面装设几组空气自冷的散热器；对于容量更大的油浸式变压器可在散热器上加风扇（油浸风冷）或用油泵使变压器油加速循环（强迫油循环风冷）。巨型变压器利用油泵使变压器油通过水冷却器冷却并循环（强迫油循环水冷），也可使绕组采用空心导线绕制，内通冷却水，油箱外壁不再装散热器（水内冷）。

（五）储油柜（又名油枕）

当变压器油的体积随着油的温度膨胀或者缩小时，油枕起着调节油量、保证变压器油箱内油面平稳的作用。如果没有油枕，油箱内的油面波动就会带来以下地不利因素：

（1）油面降低时露出铁芯和线圈部分会影响散热和绝缘。

（2）随着油面波动空气从箱盖缝里排出和吸进，由于上层油温很高，使油很快地氧化和受潮，加上油枕的油面比油箱的油面要小，这样可以减少油和空气的接触面，防止油被过速地氧化和受潮。

（3）油枕的油在平时几乎不参加油箱内的循环，它的温度要比油箱内的上层油温的低得多，油的氧化过程也慢得多，因此有了油枕可以防止油的过速氧化。

（六）呼吸器（吸湿器）

油枕内的绝缘油通过呼吸器与大气连通。

呼吸器的作用是提供变压器在温度变化时内部气体出入的通道，消除正常运行中因温度变化产生对油箱的压力。呼吸器内装有吸附剂硅胶，气体流过呼吸器时，硅胶吸收空气中的水分和杂质，以保持绝缘油的良好性能。

为了判断硅胶受潮情况，一般采用变色硅胶。变色硅胶原理是利用二氯化钴（$CoCl_2$）所含结晶水数量不同而有几种不同颜色做成，二氯化钴含六个分子结晶水时呈粉红色，含有两个分子结晶水时呈紫红色，不含结晶水时呈蓝色。

（七）套管

变压器绕组引出线由变压器套管引出至油箱的外面，套管使引出线与油箱盖之间绝缘。绝缘套管是变压器箱外的主要绝缘装置，变压器绕组的引出线必须穿过绝缘套管，使引出线之间以及引出线与变压器外壳之间绝缘，同时起到固定引出线的作用。

（八）分接开关

变压器高压绕组一般设有分接头（又叫抽头），通过改变分接头的位置，可以改变高压绕组的有效匝数，进而改变变压器变比，以调节变压器输出电压。调压分有载调压（带电切换分接开关）和无载调压（不带电切换分接开关）两种。

有载分接开关是在变压器带负载的情况下，用以切换一次或者二次绕组的分接，以调节其输出电压的一种专用开关。它通常由驱动机构、选择器及切换开关三大部件或由驱动机构及选择开关两大部件组成。驱动机构包括电动机、手摇操作机构、制动器、计数器、位置指示器、控制小开关及一套复杂的传动齿轮，是供操作开关用的。选择器没有关合和开断负载电流的能力，是在带电压但不带负载电流的情况下选择分接头用的。但是切换开关有关合和开断负载电流的能力。

（九）气体继电器

气体继电器（又名瓦斯继电器），其外壳用铸铁制成，安装在油箱和油枕的连接管中间，作为变压器内部故障的保护装置。变压器内部发生故障时，高温使油箱中的变压器油分解成气体，进入瓦斯继电器上部，若轻微故障产生气体少，仅使瓦斯继电器上触点闭合称为轻瓦斯动作，发出预警信号（电铃响）；严重故障时则产生气体多，使瓦斯继电器下触点也闭合称为重瓦斯动作，发出事故信号（响电喇叭并跳开变压器各侧断路器）。

（十）防爆管

防爆管又名安全气道。防爆管装在油箱的上盖上，由一个喇叭形管子与大气相通。防爆管的作用是当变压器内部发生故障时，将油里分解出来的气体及时排出，以防止变压器内部压力骤然增高，引起油箱爆炸或变形。

防爆管的管口用薄膜玻璃板封住，防止正常情况下变压器内部与大气流通。

第三节　互感器

互感器是变换电压、电流的电气设备，它连接了一次、二次电气系统，其主要功能是向二次系统提供电压、电流信号以反映一次系统的工作状况，并且将信号提供给继电保护装置，对一次系统进行监测保护。变换电压的为电压互感器，变换电流的为电流互感器。

电流互感器原绕组串接于电网，副绕组与测量仪表或者继电器的电流线圈相串联。电压互感器原绕组并接于电网，副绕组与测量仪表或继电器的电压线圈相并联。互感器的副绕组必须可靠接地，当原、副绕组击穿时，降低了二次系统的对地电压，以保证人身安全，此为保护接地。

一、电流互感器

（一）电流互感器的作用及工作特性

1. 作用

（1）供电给测量仪表和继电器等，正确反映一次电气系统的各种运行情况。

（2）对低电压的二次系统与高电压的一次系统实施电气隔离，保证工作人员和设备的安全。

（3）将一次电气系统的大电流变换成统一标准的五A或一A的小电流，使测量仪表和继电器小型化、标准化，结构简单，价格便宜。

2. 工作特性

电流互感器串接于电网中，但其工作原理与单相变压器相似，$KN \leq 1$，原边绕组匝数很少，副边负载阻抗很小，其归算于原边的阻抗远小于电网负载阻抗，因此原边电流不因副边负载的变化而变化，电流互感器正常工作状态二次侧相当于短路运行。

电流互感器二次侧决不允许开路运行，因为一旦开路，无副边电流去磁，原边电流全部用来激磁，铁芯饱和，磁通平顶边缘部分出现很高的冲击波，危害设备绝缘及运行人员的安全。同时，磁通密度剧增使铁损剧增而造成电流互感器严重过热，振动也会相应增加。

目前，有一种电流互感器二次开路保护器，用于各种 CT 二次侧的异常过电压保护。保护器的基本元件是 ZnO 压敏电阻，它并联于 CT 二次被保护绕组两端，正常运行时压敏电阻两端的电压小于二十 V。此时压敏电阻处于近似开路的高阻状态，通过它的电流称为泄漏电流，小于 8 μA 或 5 μA，对该回路保护动作值和表计准确度的影响可以忽略不计。当二次回路开路或一次绕组出现异常过流时，在二次绕组中产生的电压远远高于正常运行电压（数值取决于 CT 本身参数和运行情况），此时并接的压敏电阻瞬间进入导通状态。由于 ZnO 压敏电阻的固有特性，过电压被有效地限制在选定值以下，进入稳定的短路状态，从而避免了过电压危害。保护器能在过压产生的二十 ms 内可靠地将二次绕组短接并发光显示，能提供开路（或者过压）信号与闭锁差动保护的接点。故障排除后，将其复位可再次使用。

（二）电流互感器误差及准确度等级

1. 误差

电流互感器的实际变比与其铭牌上所标的额定变比之间有差别，此差别带来的电流互感器在测量电流时产生的计算值与实际值间的差值称为互感器的误差。它分为幅值误差和角误差。

电流互感器的幅值误差指互感器二次侧测出值按额定变比折算为一次测出值后与实际一次值之差对实际一次值的比值的百分数。互感器的角误差是指旋转一百八十度的二次侧电流相量 I'_2 与一次侧电流相量 I'_1 的相角之差，以分（′）为单位，并规定二次侧相量超前一次侧相量为正误差，反之为负误差。

通常可从制造和使用两方面考虑减小电流互感器的误差。

在制造上通过提高并稳定激磁阻抗，减少漏抗。如采用高导磁率的冷轧硅钢片、增大铁芯截面、缩短磁路长度和减少气隙等方法提高激磁阻抗，减少线圈电阻、选用合理的线圈结构与减少漏磁等减少内阻抗。按额定变比正确选择匝比。使用上则应使电流互感器的一次电流、二次负荷及功率因数在规定的范围内运行。即正确地选择互感器，使之运行在标准工况附近，保证互感器的精度达到设计制造规范的最高等级。

2. 准确度等级

按照幅值误差百分数的大小来定义电流互感器准确度等级。零点二级用于实验室精密测量（对测量精度要求较高的大容量发电机、变压器、系统干线和 500 kV 宜用 0.2

级），零点五级用于电度计量，一级用于仪表指示，三级用于继电保护，D级专用于差动保护，因为D级电流互感器一次侧通过一定数值的短路电流时可保证误差不超过百分之十，满足一般选择暂态保护级（TP）的电流互感器。

二、电压互感器

（一）电压互感器的作用及工作状态

1. 作用

（1）供电给测量仪表和继电器等，正确反映一次电气系统的各种运行情况。

（2）对低电压的二次系统与高电压的一次系统实施电气隔离，保证工作人员和设备的相对安全。

由于互感器原、副边绕组除接地外无电路上的联系，因此二次系统的工作状态不影响一次电气系统，二次正常运行时处于小于一百V的低压下，便于维护、检修、调试。

（3）将一次回路的高电压变换成统一标准的低电压值（$100V$,$\frac{100}{\sqrt{3}}V$,$\frac{100}{3}V$），

使测量仪表和继电器小型化、标准化，二次设备的绝缘水平可按低电压设计，结构简单，价格便宜。

（4）取得零序电压以反映小接地短路电流系统的单相接地故障。

电压互感器的辅助二次绕组接成开口三角形，其两端所测电压为三相对地电压之和，即称对地的零序电压。

2. 工作特性

常用的电压互感器为电磁感应式，其工作原理与电力变压器相同，唯容量只有几十到几百伏安，且负荷通常是恒定的。电压互感器原边并接于电网$K_N \gg 1$，且二次负载阻抗很大，因而正常工作时电压互感器二次侧接近于空载状态，一次电气系统电压不受二次侧负荷的影响，

电压互感器二次绕组匝数很少，阻抗很小，运行中二次侧一旦发生短路，短路电流将使绕组过热而烧毁，因此电压互感器二次要装设熔断器进行保护，不能短路运行。

（二）电压互感器的误差及准确度等级

1. 误差

与电流互感器相同，电压互感器误差也分为幅值误差和角误差。

电压互感器的幅值误差指互感器二次侧测出值f_u。按额定变比折算为一次测出值$K_u U_2$后与实际一次值U_1之差对实际一次值U_1的比值的百分数，即：

$$f_u = \frac{K_u U_2 - U_1}{U_1} \times 100\%$$

$$K_u = \frac{U_{1n}}{U_{2n}} \approx \frac{N_1}{N_2} = K_N$$

式中

K_u——电压互感器额定变比。

互感器的角误差是指旋转 180° 的二次侧电压相量 $-\dot{U}_2'$ 与一次侧电压相量 $\dot{U}_1'$ 的相角之差，以分（ ' ）为单位，并规定 $-\dot{U}_2'$ 超前 $\dot{U}_1'$ 为正误差，反之为负误差。

2. 准确度等级

与电流互感器相同，电压互感器的准确度等级也按幅值误差的百分数定，零点二级电压互感器用于实验室精密测量，零点五级用于电度计量，一级用于配电屏仪表指示，三级用于继电保护和精度要求不高的自动装置。

第四节　高压断路器

一、高压断路器的作用

高压断路器俗语称高压开关，它在正常时起控制作用，用来接通和断开电路；故障时起保护作用，在接收继电保护命令下跳闸，用来切断故障电流，以免故障范围蔓延。

断路器是电力系统中的控制设备，而电力系统的运行状态是多种多样的，其负荷状态也是经常变化的。因此，对断路器的总体要求是不论电力系统处在什么状态，不论遇到什么样的负荷情况，断路器都能有效地关合和断开所控制的线路与设备，起着控制作用；当线路与设备发生故障时，通过继电保护装置的作用，将故障部分切除，保证无故障部分正常运行，起着保护作用。断路器常断开的负荷有发电机、变压器、输配电线路、电容器组、高压电动机、电抗器、电缆线路等。由于断路器所断开的负荷不同，要求也不同。

二、高压断路器的基本要求

（1）工作可靠性。在厂家规定的工作条件下能长期可靠地工作。

（2）具有足够的短路能力。短路时能可靠地断开动静触头，并将动静触头间的电弧可靠地熄灭，真正将电路断开，具有足够的热稳定和动稳定能力。

（3）具有尽可能短的切断时间。当系统发生短路时，要求高压断路器尽可能短时间地将故障切除，减少损害，要提高系统运行的稳定性。

（4）能实现自动重合闸。为提高供电可靠性，线路保护应该多采用重合闸，当线路上发生瞬时性短路故障时，继电保护使断路器跳闸，经很短时间后断路器又自动重合闸。

（5）结构简单，价格低廉。在满足上述要求同时，还达到结构简单、尺寸小、重量轻、价格低等经济性要求。

三、高压断路器的种类

（1）按灭弧介质的不同，断路器可划分为以下几种：

①油断路器。又分为多油断路器和少油断路器，它们都是用变压器油作为灭弧介质，其触头在油中开断、接通。

②六氟化硫断路器。利用 SF6 气体来吹灭电弧的断路器。

③真空断路器。在真空条件下灭弧的断路器，触头在真空中开断、接通。

④压缩空气断路器。利用高压力压缩空气来吹灭电弧的断路器。

⑤固体产气断路器。利用固体产气材料，在电弧高温作用下分解出气体来熄灭电弧的断路器。

⑥磁吹断路器。在空气中由磁场将电弧吹入灭弧栅中，使之拉长、冷却而熄灭电弧的断路器。

（2）按断路器对地绝缘方式不同，可以分为以下三种结构类型：

①绝缘子支柱型结构。这种结构类型的特点是灭弧室处于高电位，靠支柱绝缘子对地绝缘。它的主要优点是可以用串联若干个灭弧室和加高对地绝缘支柱绝缘子的方法组成更高电压等级的断路器。

②罐式型结构。这种结构类型的特点是灭弧室及触头系统装在接地的金属箱中，导电回路靠套管引出。它的优点是进出线套管上装设电流互感器。其抗震强度大于支柱型结构。

③全封闭组合结构。这种结构类型的特点是把断路器、隔离开关、互感器、避雷器和连接引线全部封闭在接地的金属箱中，与出线回路的连接采用套管或者专用气室。

（3）按其安装场所不同，从结构上可以分为户内型和户外型两种。户内断路器又分悬挂式和手车式两种类型。

四、高压断路器的灭弧方式与原理

（一）绝缘油灭弧

油断路器的电弧熄灭过程是，当断路器的动触头和静触头互相分离的时候产生电弧，电弧高温使其附近的绝缘油蒸发气化和发生热分解，形成灭弧能力很强的气体（主要是氢气）和压力较高的气泡，使电弧熄灭。

1. 纵吹灭弧

分闸时中间触头、定触头先分断，中间触头、动触头后分断。前者分断时形成激发弧，使灭弧上半室的活塞压紧，当动触头继续向下移动形成被吹弧时，室内由于激发弧的压力油以很高的速度自管中喷出，被吹弧劈裂成很多细弧，从而使之冷却熄灭。

（1）封闭泡阶段

该阶段，在电弧高温作用下，油被蒸发分解成气体，在电弧周围形成气泡。部分油从触头和灭弧室的狭缝中挤出，而且大量的气体都拥挤在灭弧间的窄小空间中，故此时灭弧室中保持着几十个大气压的压力。

在封闭泡阶段内，动触头移动的距离通常称为引弧距。

（2）气吹阶段

当触头离开灭弧室时，积聚在灭弧室中的高压气体和少量的油，经灭弧室喷口喷入油箱。高速的气流将弧柱中的热量带走，使得电弧受到强烈的冷却、去游离而熄灭。

（3）回油阶段

油气混合物从灭弧室喷出之后，电弧熄灭，灭弧室中气体仍向外排出。如此，灭弧室内压力不断降低，灭弧室外的油将逐渐地回到灭弧室。只有当油全部回到灭弧室后，灭弧室才能恢复原有的灭弧能力。因此，要使断路器具有快速重合闸的功能（例如两次开断间隔不到零点五 s），必须尽量缩短回流时间。

2. 横吹灭弧

分闸时动静触头分开，产生电弧，电弧热量将油气化并且分解，使消弧室中的压力急剧增高，此时气体收缩储存压力，当动触头继续运行喷口打开时，高压油和气喷出，横吹电弧，使电弧拉长、冷却熄灭。

这种灭弧室的油、气出口位于触头的侧面，气流吹弧将垂直于电弧的走向，故称为横向吹弧。

在封闭泡阶段，吹弧喷口基本上被动触杆堵住，灭弧室中的压力很高。在气吹阶段，动触头已行至灭弧室下部，喷口已经被打开，高压气流将沿横向喷口喷出，形成强烈的去游离，使电弧熄灭。

3. 纵横吹灭弧

它是纵横吹结合进行灭弧的。横吹式灭弧室熄灭大电流能力强，熄灭小电流能力弱，其原因是小电流对气体的分解能力弱。为了弥补这种缺点，采用了纵横吹灭弧室，如 DW8-35 型多油断路器和 SN10-10 型少油断路器均采用这种灭弧室。

（二）真空灭弧

1. 真空灭弧原理与灭弧室结构

真空灭弧室是用密封在真空中的一对触头来实现电力电路的接通与分断功能的真空器件，是利用高真空度绝缘介质。当其断开一定数值的电流时，动、定触头在瞬间电流收缩到触头刚分离的某一点或者某几点上，表现电极间的电阻剧烈增大和迅速提高，直至发生电极金属的蒸发，同时形成极高的电场强度，导致剧烈的场强发生的击穿，产生了真空电弧，当工作电流接近零时，同时触头间距的增大，真空电离子体很快向四周扩散，电弧电流过零后，触头间隙的介质由导电体变为绝缘时是电流被分断，断开结束。

真空开关管由气密绝缘外壳、导电回路、屏蔽系统、波纹管等部分组成。

（1）气密绝缘系统。由玻壳（或陶瓷壳）及动、定端盖板和不锈钢波纹管组成气密绝缘系统，起气密绝缘作用。

（2）导电回路。主要由一对触头（电极），动、定触头座，动、定导电杆组成通与断开回路的作用。

（3）屏蔽系统。该部分通常由环绕触头四周的金属屏蔽筒构成，主要作用是防止在燃弧过程中产生的大量金属蒸汽和液滴喷溅、污染绝缘外壳的内壁，造成管内绝缘下降。其次还可以改善管内电场分布，并吸收电弧能量，冷凝电弧生成物，提升真室开断电流的能力。

（4）波纹管。波纹管是由厚度为零点一至零点二 mm 的不锈钢制成的薄壁元件，是弧室的一个重要的结构零件，它使动触头在真空状态下运动成为可能，是保证真空机械寿命的重要零件。真空灭弧室在安装、调整及使用过程中，应避免波纹管受过缩、过量的拉开，以确保波纹管的使用寿命。

真空开关管的真空处理是通过专门的抽气方式进行的，真空度一般达到 $1.33 \times 10^{-3} \sim 1.33 \times 10^{-7} \mathrm{Pa}$。

2. 真空灭弧触头结构

触头的结构对真空开关的开断能力有很大的影响，例如对接盘式触头，极限开断电流能力仅能达到数千安，受阳极斑点的限制不能开断过大的电流。为了提高开断电流，采用横向磁场及纵向磁场的结构型式，开断电流可达到四十至五十 kA。

（1）横向磁场触头结构

横向磁场就是与弧柱轴线相垂直的磁场，它与电流的相互作用产生电动力使弧柱运动，能避免电极表面局部过热，抑制或推迟阳极斑点产生，这对提高极限开断能力有明显效果。磁场是靠触头中的电流流线产生的，上、下触头具有对称的螺旋线。当触头间形成电弧时，电流流经上、下螺旋线，在触头间产生的磁场为半径方向，在弧柱中的电流作用力作用下驱使电弧沿圆周方向运动，触头表面不断地旋转，因此电弧产生的热量都能均匀地分散在较大范围的面积上，减轻局部过热的现象。这类触头在二十世纪六十年代的真空开关产品中使用取得较好效果，使开断电流达到三十至四十kA。横向磁场有阿基米德螺旋槽形和斜槽形两种。

（2）纵向磁场

当电弧电流流经纵向磁场触头时，产生的真空电弧具有扩散型电弧的基本特性，然后再由扩散型电弧转变为聚型电弧，直至灭弧。

（三）六氟化硫气体灭弧

SF6 气体的分解温度（两千 K）比空气（主要是氮气，分解温度约七千 K）低，而需要的分解能（22.4 eV）比空气（9.7 eV）高，因此在分解时吸收的能量多，对弧柱的冷却作用强。即使在一个简单开断的灭弧室中，灭弧能力也比空气大一百倍。

为了加强 SF6 气体的灭弧效果，灭弧室还采用了永磁式旋弧原理。为了使电弧迅速熄灭，开关在断电流过程中，动、静触头刚分离时便产生电弧，此时，由于永久磁铁的磁场作用，驱动电弧快速运动，使电弧拉长并不断与 SF6 气体结合，被迅速游离和冷却，在电流过零时熄灭，双断口开距具有隔离断口的绝缘水平永磁式旋弧原理，操作功小，熄弧能力强，触头烧伤轻，延长了电气寿命。

灭弧室整体安装在灭弧室瓷套内，是断路器的核心部件。它主要由瓷套、静触头、静主触头、静弧触头、喷口、气缸、动弧触头、中间触头、下支撑座、拉杆等零部件组成。其中吸附剂装在静触头支座的上部，拉杆与支柱瓷套内的绝缘拉杆相连，并最终连至拐臂箱内的传动轴。灭弧室瓷套由高强瓷制成，具有很高的强度和很好的气密性。

当断路器接到分闸后，以气缸、动弧触头、拉杆等组成的刚性运动部件在分闸弹簧的作用向下运动。在运动过程中，静主触指先与动主触头（气缸）分离，电流转移至仍闭合的两个弧触头上，随后弧触头分离形成电弧。

在开断短路电流时，由于开断电流较大，故弧触头间的电弧能量大，弧区热气流流入热膨胀室，在热膨胀室内进行热交换，形成低温高压气体；此时，由于热膨胀室压力大于压气室压力，故单向阀关闭。当电流过零时，热膨胀室的高压气体吹向断口间，使电弧熄灭。在分闸过程中，压气室内的气压开始时被压缩，但达到一定的气压值时，底部的弹性释压阀打开，一边压气，一边放气，使机构不必要克服更多的压气反力，大大降低了操作功。

在开断小电流时（通常在几千伏以下），由于电弧能量小，热膨胀室内产生的压力小，此时，压气室内的压力高于热膨胀室内的压力，单向阀打开，被压缩的气向断口处吹去。在电流过零时，这些具有一定压力的气体吹向断口使电弧熄灭。

（四）压缩空气灭弧

气吹灭弧是利用压缩空气来熄灭电弧的。压缩空气作用于电弧，可以很好地冷却电弧，提高电弧区的压力，很快带走残余的游离气体，所以有较高的灭弧性能。按照气流吹弧的方向，它可以分为横吹和纵吹两类。横吹灭弧装置的绝缘件结构复杂，电流小时横吹过强，会引起很高的过电压，故被淘汰。纵吹（径向吹）是压缩空气沿电弧径向吹入，然后通过动触头的喷口、内孔向大气排出，电弧的弧根能很快被吹离触头表面，进而触头接触表面不易烧损。因为压缩空气的压力与电弧本身无关，所以使用气吹灭弧时要注意熄灭小电流电弧时容易引起过电压。由于气吹灭弧的灭弧能力较强，故一般都运用在高压电器中。

（五）磁吹灭弧

电磁式磁吹断路器利用分断电流流过专门的磁吹线圈产生吹弧磁场将电弧熄灭。其原理是利用绝缘灭弧片和小弧角（装在灭弧片下端的U形钢片）将电弧分割，形成连续的螺管电弧，产生强磁场，进而驱使电弧在灭弧片狭缝中迅速运动，直至熄灭。这种断路器三相装在一个手车式底架上，配用一个操动机构。合闸时，由动、静主触头快速接通导电回路；分闸时，电弧在动、静触头之间产生，在流经触头回路的电流磁场和压气皮囊产生的作用下，被转移到大弧角上。此时，在辅助系统的磁场驱动下，电弧继续迅速向上运动，当到达小弧角时，电弧被分割成相互串联的若干短弧，这些短弧在电流磁场和小弧角磁性的推拉作用下，很快进入狭缝，形成一个直径不断增大的螺管电弧。这种断路器结构较简单，体积较小，重量较轻，分断性能高。

五、常用的高压断路器

（一）油断路器

油断路器分多油断路器和少油断路器两大类。多油断路器中的油量多，油既作为灭弧的介质，又作为动、静触点间的绝缘介质和带电导体对地（外壳）的绝缘介质，故称为多油断路器。多油断路器体积庞大，检修困难，造成爆炸和火灾的危险性较大，现在应用已经很少。

少油断路器带有用瓷或环氧树脂玻璃制成的绝缘油箱，油箱中的油仅作为灭弧介质和触点断开后的绝缘介质，不作对地绝缘，油量用得较少，故称为少油断路器。少油断路器克服了多油断路器体积大、油多的缺点，曾经广泛应用。但目前，有被其他类型断路器取代的趋势。

（二）真空断路器

真空断路器因其灭弧介质和灭弧后触头间隙的绝缘介质都是高真空而得名；其具

有体积小、重量轻、适用于频繁操作、灭弧不用检修的优点，在配电网中应用较为普及。真空断路器 V31 至十二是三至十 kV，五十 Hz 三相交流系统中的户内配电装置，可供工矿企业、发电厂、变电站作为电器设备的保护和控制之用，特别适用于要求无油化、少检修及频繁操作的使用场所，断路器可配置在中置柜、双层柜、固定柜中作为控制和保护高压电气设备用。

真空断路器在三至三十五 kV 配电系统中已得到了广泛的应用，技术上也逐渐成熟，其开断电流已达到五十 kA，额定电流达到两千五 A，应用发展的潜力仍然很大。利用多断口串接的原理，可以将真空开关的技术应用到更高电压的等级中。

（三）六氟化硫断路器

1. 按外形结构分类

SF6 断路器按外形结构分为两类：

（1）瓷柱式 SF6 断路器，使用比较普遍。

（2）落地罐式 SF6 断路器。

2. 按灭弧方式分类

按灭弧方式分主要有三类：

（1）压气式 SF6 断路器。压气式 SF6 断路器又分两类：

①双压式灭弧室；②单压式灭弧室。

（2）旋弧式 SF6 断路器。

（3）气自吹式 SF6 断路器。

3. 按动、静触头开距变化分类

按 SF6 断路器开断过程中动、静触头开距变化分为两类：

（1）定开距 SF6 断路器。

（2）变开距 SF6 断路器。

4. 按使用场合分类

按使用场合分为三类：

（1）户内式。

（2）户外式。

（3）手车式（用于高压开关柜）。

六氟化硫断路器已经广泛应用于发电厂、变电站及工矿企业等发、配电系统，由于应用场合不同和应用电压不同，产生了不同类型、不同电压等级的六氟化硫断路器。

（四）压缩空气断路器

1. 压缩空气断路器的特点

空气断路器是一种利用压缩空气来灭弧并用压缩空气为操作能源的电器。其工作时，高速气流吹弧对弧柱产生强烈的散热和冷却作用，使弧柱热电离，并且迅速减弱至消失。当电弧熄灭后，电弧间隙即由新鲜的压缩空气补充，介电强度迅速恢复。

压缩空气断路器自二十世纪四十年代问世以来，在二十世纪五十、六十年代迅速发展，广泛用于高压和超高压的电力系统中。其主要特点是：①动作快，开断时间短，二十世纪七十年代已使用一周波断路器。这在很大程度上提高了电力系统的稳定性；②具有较高的开断能力，可以满足电力系统所提出的较高额定参数和性能要求；③可以采用积木式结构，可系列化；④无火灾危险。

2. 灭弧原理

气吹灭弧是利用压缩空气来熄灭电弧的。压缩空气作用于电弧，可以很好地冷却电弧，提高电弧区的压力，很快带走残余的游离气体，所以有较高的灭弧性能。按照气流吹弧的方向，它可以分为横吹和纵吹两类。横吹灭弧装置的绝缘件结构复杂，电流小时横吹过强会引起很高的过电压，故已被淘汰。纵吹（径向吹）灭弧原理是压缩空气沿电弧径向吹入，然后通过动触头的喷口、内孔向大气排出，电弧的弧根能很快被吹离触头表面，因而触头接触表面不易烧损。因为压缩空气的压力与电弧本身无关，所以使用气吹灭弧要注意熄灭小电流电弧时容易引起过电压。由于气吹灭弧的灭弧能力较强，故一般运用在高压电器中。为了保证灭弧效果和灭弧操作，实际的灭弧室结构较复杂，除灭弧罩和动、静触头外，还有缓冲机构和触头操作结构。

3. 空气断路器结构

空气断路器是包括断路器和隔离开关的综合一体化高压开关电器，外部结构由储气缸、操作机构、灭弧室、隔离开关、转动瓷瓶、支持瓷瓶和操作系统构成。

4. 分闸操作与灭弧过程

按下主断路器分闸按键开关，分闸线圈得电，分闸阀打开，储气缸内的压缩空气经起动阀进入主阀，主阀左移，储风缸内大量的压缩空气经支持瓷瓶进入灭弧室，推动主动触头左移，电弧被吹入空心的动触头，冷却、拉长，进而熄灭。

进入延时阀的压缩空气经一定时间延时后，推动延时阀门上移，压缩空气进入传动风缸工作活塞的左侧，推动工作活塞右移，驱动传动杠杆带动控制轴、转动瓷瓶转动，隔离开关分闸。

六、高压断路器的操作机构

每台高压断路器都要配操作机构，因为操作机构是传动断路器触头的辅助设备，通过它才能使断路器分闸、合闸。

操作机构按其合闸动力所用能量的不同分为手动式、电磁式、弹簧式、液压式、气动式等。

手动式靠手力合闸，借助弹簧力分闸，具有自由脱扣机构，适合于额定开断电流小于六点三 kA 的断路器，不能实现自动重合闸，目前较少使用。

电磁式利用电磁铁将电能转换为机械能作为合闸动力，结构简单、工作可靠，广泛用于六至三十五 kV 断路器。

弹簧式分为螺旋弹簧蓄能操作机构和平面蜗卷弹簧蓄能操作机构，它们均靠储存弹性势能来合闸，弹性势能的储存方式有电动机储存和手动储存两种。其结构复杂，蓄能时耗用功率小，成套性强。

液压式利用压缩气体（氮气）作能源，以液压油传递能量，推动活塞做功，使断路器分、合闸。具有压力高、出力大、体积小、动作快且准确等优点，广泛用于 110 kV 以上 SF& 断路器和少油断路器。

气动式用压缩空气使断路器分闸，借助弹簧力使断路器合闸。其结构简单、动作可靠，应用越来越广泛。

断路器能否可靠分、合闸与操作机构有很大关系，因此操作机构应满足下列要求：

（1）合闸。在各种规定的使用条件下均能可靠地关合电路，以及获得所需的关合速度。

（2）维持合闸。断路器在合闸完毕后，操作机构应使动触头可靠地维持在合闸位置，在短路电动力及外界振动等原因作用下均不分闸。

（3）分闸。接到分闸命令后应快速分闸，且机构分闸时应该具较小的脱扣功，使断路器能容易地快速分闸。此外，无论何种操作机构，均必须能自由脱扣，在合闸过程中的任何位置都可以脱扣分闸。

（4）复位。分闸完毕后，操作机构各部件应能自动恢复到准备合闸位置。

（5）防止跳跃。断路器在关合电路过程中若遇到故障，在继电保护作用下立即分闸，此时合闸命令未解除断路器又会再合，若此故障为永久性故障，继电保护又会使断路器分闸，如此来回分、合会使断路器损坏，这是不允许的，因此要求操作机构有防跳措施，以避免再次或多次分、合故障电路。不同类型的操作机构所适用的场合不同，各种类型的断路器配置的操作机构也会有所不同。

七、断路器的技术参数

（一）额定电压

额定电压指断路器在长期正常工作时有最大经济效益的正常工作电压。

（二）最大工作电压

规定 220 kV 及以下，断路器最高工作电压为额定电压的一点一五倍；330 kV 及以上，断路器最高工作电压为额定电压的一点一倍，如此设置是因为线路首端电压高于额定电压，首端断路器可能在高于额定电压情形下长期运行。

（三）额定电流

额定电流指设计规范规定的标准环境温度下，断路器的发热不超过绝缘允许所能长期通过的工作电流。

（四）额定开断电流

额定开断电流指断路器工作在电网额定电压下所能依靠开断的最大短路电流的有效值。

（五）额定断流容量

额定断流容量表示断路器的切断能力。其为五倍的额定电压与额定开断电流的乘积。

（六）动稳固性电流

动稳固型电流表征断路器的机械结构在切断短路电流时所能承受最大电动力冲击的能力。具体指断路器在合闸状态或者关合瞬间允许通过的短路电流最大峰值。

（七)ts 热稳固电流

ｔs 热稳固电流表征断路器通过短路电流时承受短时发热的能力。具体指断路器在某一规定时间内允许通过的最大电流。

（八）分闸时间

分闸时间指发出分闸命令起至断路器开断三相电弧完全熄灭时所经过的时间。它为断路器固有分闸时间和电弧熄灭时间之和，一般为零点零六至零点一二 s。国标规定，分闸时间在 0.06 s 以内的为快速断路器，分闸时间在零点零六至零点一二 s 间的为中速断路器，分闸时间在 0.12 s 以上的为低速断路器。

（九）合闸时间

合闸时间指发出合闸命令起至断路器接通时止所经过的时间。

第五节　高压隔离开关

一、高压隔离开关的作用

高压隔离开关（俗称刀闸）能造成明显的空气断开点，但是没有设置专门的灭弧装置。它的主要用途是隔离电源，把高压装置中需要检修的部分和其他带电部分隔离开来，以保证检修工作的安全。

它可以用来通过隔离开关实现倒闸操作，改变系统的运行方式，例如双母线倒母线操作；也可以用隔离开关来切合小电流电路，如电压互感器和避雷器回路，无故障母线及直连在母线上的设备的电容电流，励磁电流不超过二 A 的空载变压器和电容电流不超过五 A 的空载线路等。

二、高压隔离开关的分类

隔离开关按极数可分为单极式和三极式，单极式隔离开关可通过相邻连杆实现三相联动操作；按每极的绝缘支柱数目又可分为单柱式、双柱式和三柱式，各电压等级都有可选设备；按动、静触刀构造不同可分为转动式、插入式；按安装场所不同可分为户内型和户外型，户内型隔离开关主要产品为 GN 系列，适用于十至三十五 kV 电压等级，有 GN6-10、GN8-10、GN19-10、GN22-10、GN24-10 等。GN8-10/600 型隔离开关为三极式，由底座、转轴、拉杆绝缘子、支柱绝缘子、触刀、静触座等组成，每相刀闸由两片槽形铜片组成，可增加散热面积，提升刀闸的机械强度和动稳定性。隔离开关触头的接触压力靠两端的弹簧维持。每相刀闸中间装有拉杆绝缘子，它与转轴相连，操动机构即通过转轴拉动拉杆绝缘子使隔离开关分、合闸。

GN19-10/1000、GN19-10/1250、GN19-10C/1000，GN19-10/1250 型在刀闸接触处装有磁锁压板，磁锁作用是使动触刀被锁在静触座中，不致因所受电动力过大而出现带负荷跳闸事故，触头动、热稳定性好。GN19-10X 系列还装有高压带电显示装置，可正确显示回路是否带电及实现带电状态下的强制闭锁，GN19-10XT 为提示性，GN19-10XQ 为强制性。

GW5 型户外隔离开关为转动式，动触头水平转动实现分、合闸。户外型还常用带接地刀的隔离开关（地刀作用同安全措施中的接地线）。

按结构分，可分为：

（一）V 型隔离开关

其特点是其结构简单、重量轻、占空间小，安装方式灵活多样，广泛地应用在我国 35~110 kV 的输变电网路中。GW5 系列隔离开关是由 35 kV、60 kV 和 110 kV 三个电压等级组成的系列产品。产品配用的机构有 CS17 型、CS17G 型和 CS1-XG 型。

（二）二柱型隔离开关

隔离开关是双柱水平回转式的结构，每极两个绝缘支柱带着导电闸刀反向回转 90°，形成一个水平断口。本系列隔离开关的特点有：①接地端通过软连接过渡，导电可靠、维修方便；②触头元件用久后更换新件，保养容易；③接地开关采用外合布置，确保合闸过程中接地刀对另一带电端的可靠绝缘距离。

（三）三柱型隔离开关

三柱型隔离开关导电闸刀和触头系统分别装在三个支持用支柱绝缘子上，分闸时形成双断口，断口间距离较大，其运动系统是由中间操作绝缘子旋转使主导电系统回转完成的，由于分闸后中间不带电，因此分闸后不占相间距离，其相间距离较小，同时，三柱水平回转式隔离开关与其他结构隔离开关相比，两端支柱绝缘子仅承受母线拉力，中间支柱绝缘子承受扭转力短，对支柱瓷瓶的强度要求不高，易于向高电压方向发展。

（四）剪刀型隔离开关

剪刀型隔离开关的静触头悬挂在母线上，分闸后形成了垂直的绝缘断口。在变电站中做母线隔离开关，具有占地面积小的优点，而且断口清晰可见，便于运行监视。

三、高压隔离开关的操作机构

隔离开关的操作机构可以分为手力式和动力式两类。手力式操作机构型号为 CS，又分杠杆式和涡轮式，杠杆式适用于额定电流三千 A 以下的户内或户外隔离开关，涡轮式适合额定电流大于三千 A 的户内式重型隔离开关。动力式操动机构包括电动式（CJ 系列）、压缩空气式（CQ 系列）和电动液压式（CY 系列），电动式适用于户内重型隔离开关和户外 110 kV 以上的隔离开关，压缩空气式和电动液压式适用于户外 110 kV 以上的 GW4 和 GW7 等系列地隔离开关。

四、高压隔离开关的注意事项

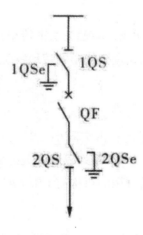

图 2-2 电气接线图

高压断路器与隔离开关间、隔离开关主刀和接地刀间互相要实现连锁，见图 2-2，检修时，先打开断路器 QF，然后打开负荷侧隔离开关 2QS，再打开电源侧隔离开关

1QS；然后分别合上接地刀 1QSe、2QSe；检修完毕后，则先打开 2QSe、1QSe（拆除安全措施），然后再进行送电操作，先和电源侧隔离开关 1QS，再合上负荷侧隔离开关 2QS，最后合上断路器 QF。

隔离开关分合闸注意事项：

（1）无论分闸或者合闸，均在不带负荷或负荷在允许范围内才能进行。

（2）合闸刀过程中发现电弧严禁将隔离开关打开应该果断合到底，开始时应该慢而谨慎，在触头转动过半时，应果断用力，但不可用力过猛，以免合过了头及损坏瓷瓶，随后检查动触杆位置是否适应；另外，即便合错了，也严禁再将刀闸拉开，只有用开关将这一回路断开后才可将误合的隔离开关拉开。

（3）误拉隔离开关时，若在刀闸未断开以前应迅速将其合上；已拉开的应该迅速拉开，严禁再合上。如果是单极隔离开关，操作后发现误拉，对其他两相则不允许继续操作。

五、高压隔离开关的技术参数

（一）额定电压

额定电压是指隔离开关在长期正常工作时承受的工作电压，与安装点电网额定电压等级对应。

（二）最大工作电压

最大工作电压指由于电网电压波动，隔离开关绝缘所能承受的最高电压。

（三）额定电流

额定电流指在设计规范规定的标准环境温度下，隔离开关的发热不超过其绝缘允许所能长期通过的工作电流。

（四）热稳定电流

热稳定电流指隔离开关在某一规定时间内允许通过的最大电流。它表征了隔离开关通过短路电流时承受短时发热的能力。

（五）极限通过峰值电流

极限通过峰值电流表征隔离开关的机械结构在其通过短路电流时所能承受最大电动力冲击的能力。具体指隔离开关允许通过的短路电流最大峰值。

此外，隔离开关的技术参数还包括分合闸时间，对地及断口间的额定短时工频耐受电压、雷电冲击耐受电压和操作冲击耐受电压等。

第三章　水轮发电机运维

第一节　同步发电机的基本结构和工作原理

一、同步发电机的类型

同步发电机按原动机的不同，可以分为汽轮发电机和水轮发电机两种。在火电厂中，用汽轮机作为发电机的原动机，转速高（常为一千五至三千 r/min）；在水力发电站中，用水轮机作为发电机的原动机，转速低（通常在一千 r/min 以下）。按发电机转子结构不同，同步发电机可以分为隐极式和凸极式两种。隐极式转子呈圆形，转速高，转子直径小，但长度长，汽轮发电机通常为隐极式。凸极式转子具有突出的磁极，发电机的励磁绕组绕在磁极上，转速低，常用于水轮发电机。按发电机与原动机的连接方式不同，同步发电机又有立式和卧式之分，汽轮发电机均为卧式的，水轮发电机两种型式都有；按冷却介质及冷却方式可分为：空气冷却、氢气冷却、水冷却和混合冷却方式；按照发电机励磁方式来分，同步发电机可分为他励方式和自励方式；按发电机旋转部分划分，有旋转磁场式和旋转电枢式，以旋转磁场式发电机居多，电枢绕组是定子的一部分，又叫定子绕组。

二、同步发电机的基本结构

同步发电机是由定子（固定部分）和转子（转动部分）两部分组成。

（一）定子

定子是同步发电机的电枢部分，用以产生三相交流电能。定子由定子铁芯、定子绕组、机座等组成。定子铁芯由内圆冲有嵌线槽的硅钢片叠装而成，定子绕组用绝缘扁铜线或漆包线绕制而成，并且三相对称地嵌放在定子铁芯槽内。定子三相绕组通常接成星形，机座是用来固定铁芯和承受荷重的。

（二）转子

由上述，同步发电机的转子有两种结构，即凸极式和隐极式。

水轮发电机的转子是凸极式，凸极式转子由磁极铁芯、磁轭、励磁绕组、转子支架、转轴等主要部分组成。磁极是用一至一点五 mm 厚的钢板冲成磁极冲片后伽装成一个整体。在磁极铁芯上套有励磁绕组。励磁绕组是由扁铜线绕成，匝间垫有绝缘，励磁绕组与磁极本身之间隔有绝缘。各励磁绕组串联后接到滑环上。磁轭通常由整块钢板或用铸钢做成，它用来固定磁极，是磁路的一部分。

三、同步发电机的工作原理

（一）电磁感应定律的应用

同步发电机定子槽中对称放置着三相绕组（互差 120° 电角度），将 X、Y、Z 连在一起，组成星形连接。转子和定子之间要留有很小的空气隙，当励磁绕组中通入直流电流后建立了磁场，特殊的结构，使磁场的磁感应强度沿空气隙近似于按正弦规律分布。

旋转时，这个按正弦规律的旋转磁场就依次切割定子三相对称绕组，出对称的三相正弦交变电动势，当合上发电机出口开关时，带上负载后，发电机即向负载输出电能。

（二）转子转速

感应电动势的频率 f 决定于发电机的磁极对数 p 和转子的转速 n，转子为一对磁极时，转子旋转一周，定子绕组的感应电动势正好交变一次（即一个周期），当转子有 p 对磁极时，转子旋转一周，感应电动势就交变 p 个周期，为保持一定的频率，发电机的转速必须符合下列关系：

$$n = \frac{60f}{p}$$

（3-1）

当定子三相对称绕组中有三相对称交流电流通过时，在空间产生了一个旋转磁场，这个磁场的转速也是由上式决定。由于同步发电机定子三相绕组是按转子磁极的对数来布置的，因此三相绕组所产生的旋转磁场的极对数和转子磁极对数一样。即定子旋转磁场的转速和转子转速相等，统称为同步转速。同步发电机因此而得名的。

第二节　水轮发电机的基本结构与运行

一、类型

按照水电站水轮发电机组布置方式的不同，水轮发电机可以分为立式（转轴与地面垂直）与卧式（转轴与地面平行）两种。

立式主要应用于大、中容量的水轮发电机。卧式一般多用于小容量水轮发电机和高速冲击式或者低速贯流式水轮发电机。

立式水轮发电机，根据推力轴承位置又分为悬型和伞形两种。

悬型水轮发电机的特点是推力轴承位于转子上面的上机架内或上机架上。它把整个转动部分悬挂起来，轴向推力通过定子机座传至基础。悬型结构适用于转速较高机组（一般在一百五十 r/min 以上）。它的优点是：由于转子重心在推力轴承下面，机组运行的稳定性较好。因推力轴承在发电机层，因此安排维护等都较方便。悬型水轮发电机的缺点是：推力轴承承受机组转动部分的重量及全部水压力，由于定子机座直径较大，上机架势必增高以便保持一定的强度与刚度，这样，定子机座和上机架所用的钢材增加；另一方面是机组轴向长度增加，机组和厂房高度也需要相应增加。在悬型水轮发电机中，一般选用两个导轴承，其中一个装在上机架内，称为上导轴承；另一个装在下机架内，称为下导轴承。如运行稳定性许可，悬型也可取消下导轴承。

伞形水轮发电机结构特点是推力轴承位于转子下方，布置在下机架内或者水轮机顶盖上。轴向推力通过下机架或顶盖传至基础。它的优点是结构紧凑，能充分利用水轮机和发电机之间的有效空间，使机组和厂房高度相应降低。由于推力轴承位于承重下机架上，且下机架所在机坑直径较小，在满足所需的强度和刚度情况下，下机架不必设计得很高，就相应减轻了机组重量，降低了造价。伞形水轮发电机的缺点是：由于转子重心在推力轴承上方，使机组运行的稳定性降低，所以只能用于较低转速（一般在一百五十 r/min 以下），另外因机组高度降低使推力轴承的安装、维护等都变得困难了。伞形水轮发电机根据轴承布置不同，又分为普通伞形、半伞形和全伞形三种。普通伞形具有上、下导轴承；半伞形只有上导轴承而没有下导轴承；全伞形只有下导轴承（布置在推力油槽内）没有上导轴承。

二、基本结构

水轮发电机普遍采用立式结构。立式水轮发电机主要由定子、转子、上机架、下机架、推力轴承、导轴承等部件组成。

（一）定子

水轮发电机定子由机座、铁芯和绕组等部件组成，其断面图如图 3-1 所示。

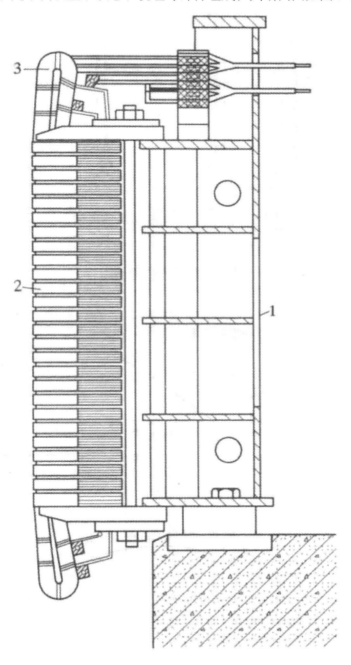

图 3-1 定子断面图

1- 机座；2- 铁芯；3- 绕组

1. 机座

定子机座是一个承重和受力部件，承受上机架的荷重并传到基础，支承着铁芯、绕组、冷却器和盖板等部件，悬吊型水轮发电机还承受整个机组转动部分重量（包括水推力），机座还承受径向力（磁拉力和铁芯热膨胀力）和切向力（正常和短路时引起的力）。因此，机座一般采用钢板焊接，必须具有足够的刚度，防止定子变形和振动。

2. 定子铁芯

定子铁芯是定子的一个重要部件。它是磁路的主要组成部分用以固定绕组。在发电机运行时，铁芯要受到机械力、热应力及电磁力的综合作用。由于铁芯中的磁通量是随着转子的旋转而改变的，为提高效率、减少铁芯涡流损耗，铁芯一般由零点三五至零点五 mm 厚的两面涂有绝缘漆的扇形硅钢片叠压而成。空冷式发电机铁芯沿高度方向分成若干段，每段高四十至四十五 mm，段与段间以"工"字形衬条隔成通风沟，供通风散热之用。铁芯上、下端有齿压板，通过定子拉紧螺杆将叠片压紧。铁芯外圆有鸽尾槽，通过定位筋和托板将整个铁芯固定在机座的内侧。铁芯内圆有矩形嵌线槽，用以嵌放绕组。

3. 定子绕组

定子绕组的主要作用是产生电势和输送电流。定子绕组是用扁铜线绕制而成，然后再在它的外面包上绝缘材料。

水轮发电机定子绕组主要采用圈式和条式两种。

圈式绕组由若干匝组成，每一匝又可由多股绝缘铜线组成。圈式绕组的两个边分别嵌入定子槽内上下层，许多圈式绕组嵌入定子槽内后，按照一定的规律连接起来组成叠绕组。双层圈式绕组多用于中小型水轮发电机。

水轮发电机普遍采用条式绕组。在定子铁芯槽中沿高度方向放两个线棒，嵌线后，用钎焊方式将线棒彼此连接起来，组成双层绕组。每个线棒由小截面的单根铜股线组成。线棒中的股线沿宽度方向布置两排，高度方向彼此间要进行换位，以降低涡流损耗和减小股线间温差。

（二）转子

水轮发电机转子主要由主轴、转子支架、磁轭和磁极等部件组成。

1. 主轴

它是用来传递转矩，承受转子部分的轴向力。通常用高强度钢整体锻成；或者由铸造的法兰与锻造的轴筒拼焊而成。除小型发电机外，大、中型转子的主轴均做成空心的。

2. 转子支架

转子支架主要用于固定磁轭并传递扭矩。是把磁轭和转轴连接成一体的中间部件。

正常运行时，转子支架不仅要承受扭矩、磁极和磁轭的重力矩、自身的离心力以及热打键径向配合力的作用。对于支架与轴热套结构，还要承受热套引起的配合力作用。常用的转子支架有以下四种结构：①与磁轭圈合为一体的转子支架；②圆盘式转子支架；③整体铸造转子支架；④组合式转子支架。其中①用于中、小容量水轮发电机。这种转子支架由轮毂、辐板和磁轭圈三部分组成。整体铸造或由铸钢磁轭圈、轮毂与钢板组焊成。转子支架与轴之间靠键传递转矩。

3. 磁轭

磁轭也称轮环。它的作用是产生转动惯量和固定磁极，同时也是磁路的一部分。磁轭在运转时承受着扭矩和磁极与磁轭本身离心力的作用。

磁轭结构有多种，小容量水轮发电机采用无支架磁轭结构。磁轭通过键或热套等方式与转轴连成一个整体。

4. 磁极

当直流励磁电流通入磁极线圈后就产生发电机磁场，因此磁极是产生磁场的部件。磁极由磁极铁芯、磁极线圈和阻尼绕组三部分组成。

磁极铁芯一般由一至五 mm 厚的钢板冲片叠压而成。两端设有磁极压板，通过拉紧螺杆与冲片紧固成整体。磁极铁芯尾部为 T 形或鸽尾形，磁极铁芯尾部套入磁轭 T 形尾槽或鸽尾形槽内，借助于磁极键将磁极固定在磁轭上。

磁极绕组多采用裸扁铜排或者铝排绕成，匝间用环氧玻璃上胶坯布作绝缘。极身（对地）绝缘采用云母烫包结构或由环氧玻璃布板加工而成。

阻尼绕组装在磁极极靴上，由阻尼铜条和两端的阻尼环组成。转子组装时，将各级之间的阻尼环用铜片制成软接头搭接成整体，形成纵横阻尼绕组。它的主要作用是当水轮发电机发生振荡时起阻尼作用，使发电机运行稳定。在不对称运行时，它能提高不对称的负载能力。

（三）上机架与下机架

上、下机架由于机组的型式不同，可以分为荷重机架及非荷重机架两种。悬吊型水轮发电机的荷重机架为安装在定子上的上机架。而伞形水轮发电机的荷重机架即为安装于定子下面基础上的下机架（或者安装在水轮机顶盖上的支持架）上。

（四）推力轴承

推力轴承承受水轮发电机组转动部分重量及水推力，并把这些力传递给荷重机架。推力轴承一般由推力头、镜板、推力瓦、轴承座及油槽等部件组成。

（五）导轴承

导轴承主要由导轴承瓦、导轴承支柱螺栓、套筒、座圈和轴领等组成。

三、水轮发电机的额定参数

（一）额定电压

指发电机正常运行时的线电压，单位为 V。发电机的额定电压应比电力网及用电设备的额定电压高百分之五，以弥补线路上的电压损耗。如果电压过高，会增加发电机和用电设备的实际负荷功率，导致电机绕组和铁芯温度升高，引起绝缘老化，甚至造成绝缘击穿事故；电压过低会影响供电质量。一般允许电压偏差范围为 ±5%。

（二）额定电流

指发电机在额定工况下运行时的线电流，单位为 A。要求三相负荷力求平衡，三相不平衡度不超过百分之二十，并且任何负荷电流都不能超过额定值。小型水轮发电机一般不要随意过载。在特殊情况下允许短时过载，发电机温度不能超过限值。

（三）额定功率

指发电机在额定电压、额定电流和额定功率因数连续运行时，允许输出的最大有功功率，单位为 kW。

（四）额定频率

我国电力工业额定频率为 50Hz。频率变化对电动机负载的影响最大，会间接影响工业产品的质量和生产效率。一般允许频率的变化为 ±0.5Hz。

（五）额定转速

同步发电机在额定工况运行时的转速称为额定转速，单位为 r/min。具有不同磁极对数的发电机的额定转速可以从式（3-1）求得。

（六）额定励磁电流

指发电机在额定功率时的转子励磁电流。发电机在额定空载时的励磁电流值称为空载励磁电流。

（七）飞逸转速

指水轮发电机能够承受而又不会造成转子任何部件受损或永久变形的最高转速，单位为 r/min。"飞逸"一般发生在机组突然甩全部负荷而水轮机导水机构拒绝动作的情况下。混流式水轮发电机的最大飞逸转速是额定转速的一点八倍，轴流定桨式水轮发电机为二点四倍。

（八）额定温升

指发电机在额定负载和规定工作条件下，定子绕组允许的最高温度与电机进风口处风温之差。发电机绕组绝缘采用不同耐热等级的材料，允许有不同的温升，温升超过额定值时会加速绝缘的老化，缩短使用寿命。

（九）绝缘耐热等级

指绝缘材料会根据其耐热性能不同，分成若干等级。

此外，还有相数、额定功率因数、额定励磁电压、定子绕组接线法、重量等。

四、水轮发电机的运行监视

运行中的水轮发电机必须定期进行巡回检查（一般是 1 次 /h），监视发电机运行情况，记录各仪表指示，写好运行日志。巡视中要精力集中，仔细观察，及时发现问题，以保证机组安全发电。定期巡回检查的内容如下：

（一）温度监视

发电机的绕组、铁芯、轴承应经常监视温度。其值不能超过规定的数值，如果温度发生迅速或倾向性的变化（局部过热或突然升高），应该及时停机检查并且找出原因进行处理。

（二）轴承油面监视

轴承油面应定期检查、经常监视，例如油面高出正常油面，可能是由于油冷却器漏水引起；如果油面低于正常油面，可能是油槽漏油或是管路阀门没有关好引起。

（三）振动与音响监视

发电机在运行中应定期检测振动和音响，所测数值不应超过规定数值，如果振动和音响发生变化（强烈振动，噪音和摆渡显著加大）应停机检查并处理。

（四）绝缘监视

应定期检查发电机绕组的绝缘电阻，如果发电机绝缘电阻发生显著变化，如异常下降、转子一点接地时，应停机检查和修理。

（五）电流引出装置监视

应经常刷下火花、电刷工作情况（电刷和集电环接触情况、磨损量、电刷在刷握内移动灵活情况）和集电环的表面情况（有无烧伤、磨出沟槽、锈蚀或积垢等情况）。如发现异常情况应及时处理。

电刷磨损后应换同样牌号和同样尺寸的新电刷，为了使集电环的磨损程度均衡，每年应调换一至两次集电环的极性。

（六）冷却器监视

冷却器应经常检查，如发现冷却器流量减少或堵塞，冷却后的空气或油温明显升高应及时处理。

发电机在运行中，推力轴承的油温应为二十至四十摄氏度，导轴承的油温允许至四十五摄氏度，温度过高，应调节冷却水流量的办法使轴承各轴瓦和油的温差保持在二十摄氏度左右。当发电机启动时应注意轴承油槽内的温度不低于十摄氏度，以免引起不容许的轴瓦热变形。停机时应关闭冷却器的进水阀门，对油冷却器而言是为避免引起轴瓦过分变形；对空气冷却器而言是为了避免引起空气冷却器过分结露。

（七）制动系统监视

要经常检查制动器，尤其在每次起动前必须检查制动器系统是否正常。当制动系统不正常或在升启情况下（有压力），是不允许启动发电机。在停机二十四小时以上再启动机组前，一般须用制动器顶起转子五至十 mm，然后将制动器压力去掉，使制动器的制动块返回到原来位置后再启动。

第三节　水轮发电机维护

水轮发电机维护包括日常维护和停机后维护。

一、日常维护

日常维护分为通常维护和主要部件维护。维护的项目和质量标准，见表3-1。

表3-1　发电机维护项目及质量标准

编号	项目	质量标准
1	各部轴承检查	油面合格，油色正常，轴承无异声，瓦温正常，无漏油甩油，冷却器水流通畅
2	机组外观检查	振动、声响无异常
3	测量导轴承摆渡	符合规定标准，无异常增大
4	制动器外观检查	无异状、无漏油
5	表计检查	指示正确，无渗漏
6	发电机冷却水管预备水源检查	各阀位置正确，无漏水现象

（一）通常维护

通常维护的主要内容和要求如下：

（1）做好记录。对所有安装在发电机仪表盘上的电气指示仪表，发电机定子绕组、定子铁芯、进出风，发电机各部轴承的温度及润滑系统、冷却系统的油位、油压、水压等应进行检查和记录。检查与记录的间隔时间应根据设备运行状况、机组运行年限、记录仪表和计算机配置等具体情况在现场运行规程中明确。除上述外，还应该记录运行中的干扰、故障和修理故障的措施说明。

（2）水轮发电机的运行必须符合《水轮发电机基本技术条件》。

（3）发电机在运行过程中盖板应保持密闭，防止外部灰尘、潮气进入发电机内部。

（4）发电机的冷却水应清洁，不能有泥沙、杂草或者其他污物存在。

（5）轴承油槽的初始油温不能低于 10℃。

（6）轴承润滑油的参数应符合有关规程要求。

（7）发电机发生慢速或飞逸转速后，应检查发电机转动部件是否松动或者被损坏。

（8）制动器顶起转子的最大行程不能超过二十 mm。

（9）制动器发生故障时发电机不能启动。

（10）厂房内不得有危害发电机绝缘的酸、碱性气体。

（11）停机 3~5d 以上的发电机，在启动前应测量其绝缘电阻，其值不得小于规定数值，否则，进行烘干处理，达到要求后才可投入运行。

（12）当出现下列情况之一时，运行中的水轮发电机应立刻停机：

①发电机发生异常声响和剧烈振动。

②发电机飞逸，电压急剧上升。

③发电机定、转子或其他电气设备冒烟起火。

④发电机电刷或滑环处产生强烈火花，经处理无效。

⑤推力轴承或导轴承瓦温突然上升发生烧瓦事故。

水轮发电机紧急停机后，要及时将事故情况做好记录并报告。同时要迅速查明原因，以消除故障，待一切正常后，方可重新开机。

（13）经常保持厂房和发电机的清洁，定期擦抹各部件表面灰尘。对发电机外露的金属加工面，需要经常涂抹黄油，以防锈蚀。

（14）发电机及其附属设备，除进行定期巡视和检查外，在发电机发生外部短路后，应对发电机进行外部检查。

（二）主要部件的维护

1.定子

（1）定子绕组的检查与维护。

①检查定子绕组端部是否发生变形，并清扫绕组上的灰尘和污物。

②检查端箍的绑扎是否发生松动。

③检查槽楔是否松动。

④检查定子绕组绝缘老化情况。检查绝缘是否有损伤，如果有损伤予以修理。

（2）定子铁芯的检查与维护。

①检查定子通风沟内是否有灰尘、污物等，并需要用干燥的压缩空气吹干净。

②检查齿压片、齿压板与铁芯间有无松动锈蚀；如果压指与压板为点焊结构，应该检查焊点是否开裂，压指是否歪斜或突出；还要检查压指的颜色，是否有因温度过高形成蓝色。

2. 转子

（1）检查转子零部件的固定情况。

①转子上所有固定螺母是否紧固并锁定。如果松动，必须查明原因并紧固锁定。

②检查磁轭键、磁极键是否松动，如松动应打紧并点焊锁定。

③转子上所有焊缝有无开裂现象。

（2）检查磁极绕组。

①绕组间的磁极连接线和转子引线的连接是否完好。

②检查匝间及对地绝缘，如果磁极绕组的对地绝缘电阻是否低于 0.5MΩ，应找出原因并修理。

③清扫磁极绕组上面的灰尘和污物，保持磁极绕组清洁干燥。

（3）检查制动环的摩擦面是否有损害。

（4）检查风扇应牢固无松动及变形。

（5）检查转子与定子铁芯之间的间隙应均匀符合规定要求。

3. 滑环和励磁机整流子电刷

（1）定期检查整流子和滑环时，应检查下列各点：

①整流子和滑环上电刷的冒火情况。

②电刷在刷框内应能自由上下活动（一般间隙为 0.1~0.2mm），并检查电刷有无摇动、跳动或卡住的情形，电刷是否过热；同一电刷应与相应整流子片对正。

③电刷连接软线是否完整、接触是否紧密良好、弹簧压力是否正常、有无发垫、有无碰机壳的情况。

④电刷与整流子接触面不小于电刷截面的百分之七十五。

⑤电刷的磨损程度（允许程度应订入现场运行规程中）。

⑥刷框和刷架上有无灰尘积垢。

⑦整流子或滑环表面应无变色、过热现象，其温度应不大于 120℃。

（2）检查电刷时，可顺序将其由刷框内抽出。如需更换电刷时，在同一时间内，每个刷架上只许换一个电刷。换上的电刷必须研磨良好并与整流子、滑环表面吻合，且新旧牌号必须一致。

（3）对滑环和励磁机整流子维护的时间和次数，应按现场运行规程的规定进行。在工作中，应采取防止短路及接地的安全措施。

使用压缩空气吹扫时，压力不应超过零点三 MPa，压缩空气应无水分和油（可用手试。

（4）机组运行中，由于滑环、整流子或电刷表面不清洁造成电刷冒火时，可用擦拭方法进行处理。

4. 励磁装置

对励磁装置检查的项目如下：

（1）检查各表计指示是否正常，信号显示是否与实际工况相符。

（2）检查各有关励磁设备元器件，是否运行在对应的位置。

（3）检查各整流功率柜运行状况及均流情况。

（4）检查各电磁部件有无异常声音及过热现象。

（5）检查各通流部件的接点、导线及元器件有无过热现象，各熔断器是否异常。

（6）检查各机械部件位置是否正确，接触点接触是否良好，有无过热现象，挂钩是否挂好，各部螺栓、销钉连接是否良好。

（7）检查通风用元器件、冷却系统工作是否正常。

（8）检查励磁装置的工作电源、备用电源、启动电源、操作电源等是否正常可靠，是否能按规定要求投入或自动切换。

5. 推力轴承

（1）检查推力轴承瓦面，如果发现瓦面有明显的磨损要及时修理并且找出原因。

（2）测量轴承绝缘电阻，值不应小于 $0.2M\Omega$（油槽充油后）。

（3）检查镜板摩擦面应无划痕及其他缺陷，并检查与推力头组合面的质量。

（4）用反光镜检查推力头表面的质量。

6. 导轴承

（1）检查导轴承瓦面，如果发现瓦面有明显的磨损，应及时修理并找出原因。

（2）测量导轴承绝缘电阻，其值不应小于 $4M\Omega$。

（3）测量导轴承瓦与滑转子之间的间隙是否符合要求，支柱螺栓第一次运行三个月后必须紧固一次，并调整好间隙。

7. 润滑油

润滑油应该定期抽样检查，一般是每年检查一次。润滑油的质量可以通过颜色、气味、混浊度、泡沫和水分含量等方面来检测。

油的颜色除了稍有一点加深外，应无其他变化，颜色的加深不能再发展下去。

油的气味不应有腐败或烧焦味。

清洁的油应该是清的、透明的。油的混浊可能在油中混有颗粒、杂质或水分。油中的颗粒可能是由于轴承内部的磨损、破坏或腐蚀引起的，或由于充油前油槽没有清理干净引起的。在油中还会发现其他沉积物，例如清漆、胶木、纤维体。在油的抽样检查中发现金属沉积物或金属化合物的含量超过油量的 0.05% 时，就应该将油从油槽中排出进行过滤，使之符合要求或更换清洁的符合要求的新油。脏油排完后，应对油槽进行彻底清扫。通常在油中的金属颗粒在初始运行时会出现，如果这种现象继续下去或重新出现，应对轴承进行检查。

油有没有水分可以用实验证明。将五 mL 的油倒进试管中并小心加热，当油加热到一定温度时，有水分存在就会发出噼啪的响声。如果油完全没有响声，就可以认为合格。

润滑油使用一定时间后会发生老化而逐渐变质，一般经过 50000h 后必须更换新油。

8. 冷却器

（1）所有冷却器必须定期进行清洗。一般用一点二倍额定工作水压反向冲洗或用压缩空气吹干净管内的泥沙杂物，对于直管的空气冷却器最好在铁丝上捆绑布条来回拉动将管内壁黏附物清除掉。在来回拉动捆绑布条时要防止铁丝拉断将布条留在管内使管子堵塞。

（2）所有冷却器管内的水垢应及时清洗以免影响冷却效果。

9. 滑环和电刷

（1）滑环外表应保持干净。例如出现不圆、偏心、粗糙或烧灼现象时应及时处理；应定期测量滑环绝缘电阻，其值不小于 1MΩ。为了避免滑环不均匀磨损，应该经常倒换滑环的极性。

（2）经常检查电刷弹簧的压力，可采用平衡弹簧来测量，其电刷表面压强应为 15~20kPa。如果不符，应仔细调整电刷弹簧的压力。

（3）检查刷盒的底边离集电环表面的距离，一般为 3~4mm；如果不符，应调整刷握。

（4）电刷在刷盒内应能自由移动，电刷必须保持清洁以免电刷下产生火花。更换新电刷时应使用相同牌号和尺寸的电刷，并将细砂布放在电刷和滑环中间反复摩擦电刷表面，使电刷磨成圆弧形，达到电刷底面全部与滑环良好接触。

10. 制动器及管路

（1）经常检查制动器及所有管路是否漏油和漏气。

（2）检查制动器活塞是否在汽缸内自由移动；如果发现卡死，应及时处理。

（3）检查制动器的制动块厚度，如果制动块的厚度小于十五 mm 时，就必须更换新的制动块。

（4）制动器将转子顶起后应加以锁定，防止水轮机导叶漏水使水轮发电机组转动而造成事故。

11. 上盖板和上挡风板

检查上盖板和上挡风板的全部螺栓、螺母是否松动，如果松动应重新紧固锁定，以防止松动掉下造成事故。

检查挡风圈与风扇之间的距离，其值应大于顶起转子的高度。

二、停机维护

水轮发电机停机维护的内容如下：

（1）发电机每次停机后，应检查绕组、轴承冷却供水是否已停止。全部制动装置均已复归，为下一次开机做好准备。

（2）检查发电机轴承外壳、发电机绕组、整流子及电刷接线柱等部件有无过热现象；检查整流子和电刷接触处有无火花灼伤的痕迹。

当发电机长期停机时，必须使用电加热器来维持发电机内部温度不低于 5P。还应该在电刷与整流子之间垫以干净的纸条；在滑环上涂凡士林，以防锈蚀。

处于停机状态的发电机，应保持干燥、清洁、完好，随时可以启动，重新启动前，应该进行发电机断路器及自动灭磁开关的分、合闸试验（包括两者间的连锁）和电气及水轮机保护联动发电机断路器的动作试验。

第四节　水轮发电机检修

一、检修等级

检修等级是以机组检修规模和停用时间为原则划分的。

（一）A 级检修

A 级检修是指对发电机组进行全面的解体检查和修理，以保持、恢复或者提升设备性能。

（二）B 级检修

B 级检修是指针对机组某些设备存在问题，对机组部分设备进行解体检查和修理。B 级检修根据机组设备状态评估结果，有针对性地实施部分 A 级检修项目或定期滚动检修项目。

（三）C 级检修

C 级检修是指根据设备的磨损、老化规律，有重点地对机组进行检查、评估、修理、清扫。C 级检修可以进行少量零件的更换、设备的消失、调整、预防性试验等作业以及实施部分 A 级检修项目或定期滚动检修项目。

（四）D 级检修

D 级检修是指当机组总体运行状况良好，进而对主要设备的附属系统和设备进行消缺。D 级检修除进行附属系统和设备的消缺外，还可根据设备状态的评估结果，安排部分 C 级检修项目。

二、检修分类

（一）定期检修

定期检修是一种以时间为基础的预防性检修，根据设备磨损和老化的规律统计，事先确定检修等级、检修间隔、检修项目、需用备件及材料等检修方式。

（二）状态检修

状态检修是根据状态监测和诊断技术提供的设备状态信息，评估设备的状况，在故障发生前进行的检修方式。

（三）改进性检修

改进性检修是指对设备先天性缺陷或频发故障，按照当前设备技术水平和发展趋势进行改造，从根本上消除设备缺陷，提高设备的技术性能和可用率，并结合检修过程实施的检修方式。

（四）故障检修

故障检修是指设备在发生故障或失效时进行的非计划检修。

三、检修间隔

机组 A 级检修间隔是指从上次 A 级检修后机组复役时开始，至下一次 A 级检修开始时的这段时间。

发电企业可根据机组的技术性能或实际运行小时数，适当调整 A 级检修间隔，采用不同的检修等级组合方式，检修等级组合方式应进行技术论证，经上级主管机构批准。

四、检修停用时间

停用时间是指机组从系统解列（或退出备用），到检修工作结束，机组复役的这段时间。

对于多泥沙河流、磨损严重的水轮发电机组，其检修停用时间可在表 3-2 规定的停用时间上乘以不大于 1.3 的修正系数；贯流式水轮发电机组比同尺寸的轴流封桨式发电机组 A 级检修停用时间相应增加 20 天。

表 3-2 水轮发电机组标准项目检修停用时间

转轮直径（mm）	混流式或轴流定桨式			轴流转桨式			冲击式		
	A级（d）	B级（d）	C级（d）	A级（d）	B级（d）	C级（d）	A级（d）	B级（d）	C级（d）
<1200	30~40	20~25	3~5				15~20	10~15	3
1200~2500以下	35~45	25~30	3~5				25（30）~30	20（25）~25（30）	4
2500~3300以下	40~50	30~35	5~7				（35）	25（30）~30	6
3300—4100以下	45~55	35~40	7~9	60~70	35~40	79	30（35）~35	（35）	
4100~5500以下	50~60	40~45	7~9	65~75	40~45	7~9	（40）		
5500~6000以下	55~65	45~50	8~10	70~80	45~50	8~10			
6000~8000以下	60~70	50~55	10~12	75~85	50~55	10~12			
8000~10000以下	65~75	55~60	10~12	80~90	55~60	10~12			
10000以上	75~85	60~65	12~14	85~95	60—65	12~14			

注 1.（）中的数值表示竖轴冲击式机组的停用时间。
2. 转轮叶片材质为不锈钢的机组停用时间按下限执行。
3. 检修停用时间已包括带负荷试验所需的时间。
4. D级检修的机组停用时间约为其C级检修机组停用时间的一半。

五、检修项目

主要设备（指水轮机、发电机、主变压器、机组控制装置等设备及其附属设备）的检修项目分为标准项目和特殊项目两类。

（一）标准项目

（1）A级检修标准项目的主要内容：

①制造厂要求的项目。

②全面解体、定期检查、清扫、测量、调整和修理。

③定期监测、校验和鉴定。

④按规定需要定期更换零部件的项目。

⑤按各项技术监督规定检查项目。

⑥消除设备和系统的隐患。

（2）B级检修项目是根据机组设备状态评价及系统的特点和运行状况，有针对性地实施部分 A 级检修项目和定期滚动检修项目。

（3）C 级检修标准项目的主要内容：

①消除运行中发生的缺陷。

②重点清扫、检查和处理易损、易磨部件，必要时进行测量或试验。

③按各项技术监督规定检查项目。

（4）D 级检修的主要内容是消除设备和系统的漏洞。

发电企业可根据设备的状况调整各级检修的项目，但原则上在一个 A 级检修周期内所有的标准项目都必须进行检修。

（二）特殊项目

特殊项目为标准项目以外的检修项目如执行事故措施、节能措施、技改措施等项目；重大特殊项目是指技术复杂、工期长、费用高或对系统设备结构有重大改变的项目。

发电企业可根据需要安排在各级检修中。

六、检修文件包

发电企业应编写检修文件包，承包方应严格按照检修文件包进行作业。检修文件包的主要内容如表 3-3 所示。

表 3-3 检修文件包的主要内容

发电企业名称		机组设备检修文件包文件清单 版次：		共 页
序号	名称	内容		备注
1	检修任务单	①检修计划；②工作许可；③检修后设备试运行计划；④检修前交底（设备状况、以往工作教训、检修前主要缺陷、特殊项目的安全技术措施）		可根据需要增减部分项目
2	修前准备	①设备检修所需图纸和资料；②主要备品配件和材料清单；③工具准备（专用工具、一般工具、试验仪器、测量器具等）		
3	检修工序、工艺	①工作是否许可；②现场准备；③拆卸与解体、检修、复装阶段的工序和工艺标准；④检修记录整理；⑤自检；⑥结束工作		
4	工序修改记录			根据具体情况
5	质量签证单	质检点签证、三级验收		
6	不符合项处理单			
7	设备试运行单	试运行程序、措施		

| 8 | 完工报告单 | ①检修工期；②检修主要工作；③缺陷处理情况（含检修中发现并消除的主要缺陷）；④尚未消除的缺陷及未消除的原因；⑤设备变更或改进情况、异动报告和图纸修改；⑥技术记录情况；⑦质量验收情况；⑧设备和人身安全；⑨实际工时消耗记录；⑩备品配件及材料消耗意见；总体检查和验收 | |

七、检修全过程管理

检修的全过程管理是指检修计划制订、材料采购、技术文件编制、施工、冷（静）态验收、热（动）态验收、检修总结等环节的管理物项、文件及人员均处于受控状态，以达到预期的检修效果和质量目标。

第五节　水轮发电机干燥

一、干燥方法

水轮发电机受潮或在检修中更换局部或全部绕组后，一般都需要进行干燥。常用的干燥方法如下：

（一）定子铁损干燥法

定子铁损干燥法是现场干燥发电机的定子时优先选用的一种方法，这种方法比较安全、方便和经济。

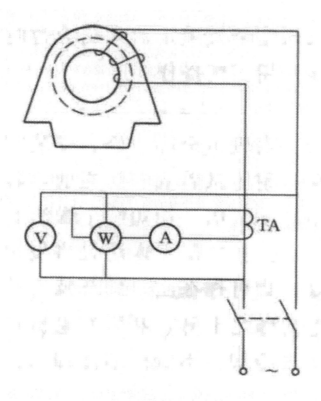

图 3-2 定子铁损干燥法接线图

定子铁损干燥法的接线如图 3-2 所示。它在定子铁芯上缠绕励磁绕组，接通交流 380V 电源，使定子产生磁通，依靠其铁损来干燥定子，一般在检修中抽出转子后进行。干燥前，应先计算出励磁绕组的匝数和导线的截面积。

励磁绕组的匝数 W 可按下式计算为：

$$W = \frac{U}{4.44 \, fSB} \times 10^4 \approx \frac{45U}{SB} (\text{匝})$$

（3-2）

式中

f——频率，Hz；

U——励磁绕组外施电压，V；

S——定子铁芯的有效截面积，cm；

B——定子铁芯磁通密度，T。

对于定子铁芯，磁通密度一般选取 1T，其有效截面积可根据测量的铁芯尺寸进行计算，即

$$S = K(L - nl)\left(\frac{D - D'}{2} - h\right)\left(\text{cm}^2\right)$$

（3-3）

式中

L——定子铁芯长度，cm；

n——通风道数；

l——通风道宽度，cm；

K——铁芯的填充系数，用绝缘漆作片间绝缘时取 0.9~0.95；

D——定子铁芯外径，cm；

D'——定子铁芯内径，cm；

h——定子齿的高度，cm。

励磁绕组的导线截面积可根据励磁电流的数值来选择，并要考虑留有适当的裕度。励磁电流的大小可按下式计算为：

$$I = \frac{\pi D_{av} H}{W}(A)$$

$$D_{av} = D - \frac{D - D'}{2} - h$$

（3-4）

式中

D_{av}——定子铁芯的平均直径，cm；

H——定子铁芯的磁场强度，A/cm，一般取值 1.7~2.1A/cm。

应指出发电机的定子绕组接地用导线截面不应小于 50mm^2。

（二）直流电源加热法

直流电源加热法是将直流电流（如利用直流电焊机等）通入定、转子绕组，利用铜损耗所产生的热量进行干燥。但是，由于发电机定子的体积较大，干燥时发热较慢，所以定子的干燥不单独采用此法，故作为铁损干燥时的辅助加热方法。转子干燥时多采用这种方法，通过转子的电流不应超过转子的额定电流。通常开始时不应超过转子额定电流的 50%，最大不应超过额定电流的 80%。

使用直流电源加热法干燥时，加热温度应缓慢升高。对转子绕组温度的监视，可利用嵌在转子两端和中部通风孔内的三支酒精温度计进行，转子温度不应超过 100℃。对定子绕组温度的监视，可利用绕组中埋置的测温电阻元件进行，定子温度不应超过 75℃。如果温度超过规定值，则应暂时断开电源。接通或断开电流回路时，使用磁力起动器，不能采用刀闸操作。

（三）三相短路干燥法

当机组全部检修、安装完毕，具有开机条件时，需进行一次交直流耐压试验。耐压试验或开机之前，若绝缘电阻及吸收比不符合要求，发电机应进行干燥。通常采用定子绕组三相短路干燥法进行干燥。

三相短路干燥法是将发电机定子绕组三相短路，短路点可以直接选在发电机的出口处，也可选在出口断路器的外侧。机组以额定转速运转，转子绕组加励磁电流，定子绕组电流也随之上升，利用发电机自身电流所产生的热量，对绕组进行干燥。为了升温的需要，空气冷却器不应供给冷却水。

当发电机开始升流加温时，起始电不超过定子额定电流的 50% 为宜，最大短路电流不要超过定子绕组的额定电流。

在加温过程中，绕组的最高温度以酒精温度计测量时，不应超过 70℃；用检温计测量时，不应超过 85℃。温度应逐步升高，在 40℃ 以下，每 1h 升温不超过 5℃；40℃ 以上，每 1h 升温 8~10℃。温度的测量，用酒精温度计测绕组及铁芯表面温度，以检温计测铁芯槽内温度，两种测量可以互相校对，取多个测温点的平均值。

在加温过程中，每 4~8h 需用兆欧表测三相绕组对机壳的总绝缘电阻一次，读取 R15 及 R60，算出吸收比，并根据当时的温度折算成 75℃ 的绝缘电阻值。测量绝缘电阻时，应停止外加电源。

采用上述方法干燥时的注意事项如下：

（1）温度限额。干燥时发电机各部位的温度应不超过下列数值：

定子膛内的空气温度 80℃（用温度计测量）

定子绕组表面温度   85℃（用温度计测量）

定子铁芯温度 90℃（在最热点用温度计测量）

转子绕组平均温度 120℃（用电阻法测量）

（2）干燥时间

发电机的干燥时间由受潮程度、干燥方法、机组容量和现场具体条件等来决定。预热到 65~70℃ 的时间，一般不少于 15~30h，全部干燥时间一般在 72h 以上。

二、干燥终结的判断

（一）利用干燥曲线判断

在发电机的干燥过程中，应定时记录绝缘电阻、排出的空气温度、铁芯温度和绕组温度等数值，并绘制定子温度和绝缘电阻的变化曲线。受潮绕组在干燥初期，由于潮气蒸发的影响，绕组绝缘电阻显著下降。然后，随着干燥时间的增加，潮气逐渐蒸发，绝缘电阻便逐渐升高，最后在一定温度下，稳定于一定数值。干燥工作将基本结束。

（二）利用绝缘电阻值判断

当温度恒定后，测得定子绕组的绝缘电阻应稳定，换算到接近工作温度时的绝缘电阻应大于 1 MΩ/kV。对沥青浸胶及烘卷云母绝缘，其吸收比 K=R60/R15 > 1.3，极化指数 PI=R10min/R1min > 1.5；对环氧粉云母绝缘，其吸收比 K > 1.6，极化指数 PI > 2.0，再经过 3~5h 不变；转子绕组绝缘电阻换算到 20℃时也大于 1MΩ，可认为干燥合格。此时，如有条件，可以测定空气的湿度，当出口热空气的湿度等于入口空气的湿度时，表示已无水分从绝缘体中排出，干燥工作可以结束了。

应当指出，发电机检修中更换绕组时，容量为 10MW（MVA）以上的定子绕组绝缘状况应满足下列条件，而容量为 10MW（MVA）及以下的定子绕组满足下列条件之一者，可以不经干燥投入运行：

（1）沥青浸胶及烘卷云母绝缘分相测得的吸收比不小于 1.3 或极化指数不小于 1.5；对于环氧粉云母绝缘吸收比不小于 1.6 或极化指数不小于 2.0。

（2）在 40℃时三相绕组并联对地绝缘电阻值不小于（Un+1）MΩ（取 Un 的 kV 数，下同），分相试验时，不小于 2(Un+1)MΩ。若定子绕组温度不是 40℃，绝缘电阻值应要进行换算。

对运行中的发电机，在检修中未更换绕组时，除了在绕组中有明显进水或严重油污（特别是含水的油）外，满足上述条件时，一般可不经干燥投入运行。

第四章　水电站继电保护及计算机监控系统

第一节　水电站继电保护

一、水电站继电保护基础

（一）继电保护

水电站、电力系统发生故障或危及安全运行的异常工况时，必须采取一些反事故的自动化措施。在发展过程中，曾用有触点的继电器来保护水电站、电力系统及其元件（发电机、变压器、输电线路等）免遭损害，所以也称继电保护。继电保护的基本任务是：当电力系统发生故障或异常工况时，在可能实现的最短时间和最小区域内，自动将故障设备从系统中切除，或发出信号由值班人员消除异常工况根源，减轻或避免设备的损坏和对相邻地区供电的影响。继电保护和安全自动装置的基本要求：

1. 可靠性

区内故障和不正常运行状态应该可靠正确动作，不拒动。

2. 选择性

故障时只切除故障元件，使故障影响范围尽量缩小，保证无故障部分安全运行。

3. 速动性

快速地切除故障可以提高电力系统并列运行的稳定性，减少故障影响的范围，提高自动装置的动作成功率。

4. 灵敏性

指对区内故障和不正常运行状态的反应能力。不论故障点位置、类型、是否经过渡电阻及运行方式变化都能正确动作。

继电保护装置的基本组成

测量部分：测量从被保护对象输入的有关电气量，与给定的整定值进行比较，并根据比较的结果给出一组逻辑信号，判断保护是否应该启动。

逻辑部分：根据测量部分各输入量的大小、性质、输出的逻辑状态、出现的顺序，使保护按一定的逻辑关系工作，确定是否使断路器跳闸或发出信号，并将命令传给执行部分。

执行部分：根据逻辑部分传来的信号，最后完成保护装置所担负的任务。如故障时动作跳闸，异常运行时，发出信号；正常运行时，不动作。

（二）有关名词解释

1. 主保护

主保护是满足系统稳定和设备安全要求，以最快速度有选择地切除被保护设备和进行线路故障的保护。

2. 后备保护

后备保护是主保护或断路器拒收时，用来切除故障的保护。后备保护可分为远后备保护和近后备保护两种：

（1）远后备保护是当主保护或断路器拒动时，由相邻电力设备或线路的保护来实现的后备保护。

（2）近后备保护是当主保护拒动时，由本电力设备或线路的另一套保护来实现对于后备的保护；当断路器拒动时，由断路器失灵来实现后备保护。

3. 辅助保护

为补充主保护和后备保护的性能而增设的简单保护。

4. 异常运行保护

反应被保护电力设备或线路异常运行状态的保护。

5. 整定

对继电器或自动装置动作值的调整。

6. 整定值

按预定要求所计算出的保护装置、继电器、自动装置的动作值。

7. 起动值

使继电器始动的临界值。

8. 保护动作时间

从继电保护装置测量元件始动至出口元件发出执行命令为止的全部时间。

9. 一次电流、电压

一次回路中的电流、电压；二次电流、电压：电流互感器二次侧的电流、电压。

（三）水电站继电保护的设备

1. 水轮发电机组的继电保护

定子部分保护、转子部分保护、纵联差动保护、过电流保护、过电压保护、接地保护、对称过负荷保护。

2. 变压器保护

气体保护与温度保护、电流保护（电流速断保护、过电流保护、过负荷保护、零序电流保护）、纵联差动保护。

3. 输电线路保护

三段电流保护（瞬时电流速断保护、限时电流速断保护、定时限过电流保护、三段式电流保护）、电流电压闭锁或连锁保护、方向电流保护。

二、水轮发电机组的继电保护

（一）水轮发电机常见故障及不安全运行方式

小型水轮发电机一类为400V出线电压的低压水轮发电机，另一类为3~10kV出线电压的高压水轮发电机。水轮发电机组常见故障、不安全的运行方式主要有以下类型：

（1）发生发电机定子绕组因绝缘损坏引起的相间短路。这时短路电流很大，往往由于短路点产生的电弧会烧坏绝缘和铁芯，引起系统频率和电压的波动。

（2）发生发电机定子绕组的匝间短路。这也会导致绝缘和铁芯的破坏。

（3）发电机定子绕组单相接地。一般电容电流小于5A时，可继续运行，但因接地处的电弧等原因，易使故障扩大成为相间短路，需及时检查处理。若电容电流大于5A，电弧不容易熄灭，就会烧坏绝缘，甚至危及定子铁芯，造成严重后果。

（4）发生发电机转子一点接地。虽可继续运行，但容易扩大为两点接地故障，造成严重后果。当转子发生两点接地时，气隙磁势的对称性遭到破坏，构，振动所产生的后果尤为严重。

（5）当发电机发生失磁故障时。发电机失磁后的系统中吸收大量的无功功率。若失磁前向系统送出无功功率为Q1，失磁后向系统吸取无功功率为Q2，系统中会出现无功功率缺额 Q=Q1+Q2，将导致母线电压下降，系统电压严重波动，甚至整个系统因电压崩溃而瓦解，造成大面积停电；②在重负荷下失磁后，发电机的转矩，有功功率要发生剧烈的周期性摆动，将产生危及发电机安全的机械力矩，发电机组受机械力矩冲击而发生振动。这种情况对水轮发电机组的影响尤为明显；③在发电机进入异步运行状态后，将在转子的阻尼系统和励磁绕组中产生差频电流，引起附加温升及局部高温，危及转子安全。所以水轮发电机不宜做异步运行。

引起失磁故障的原因有：①励磁回路开路（如灭磁开关或整流装置的自动开关误跳开、断线等）、短路或励磁机的电枢和励磁绕组故障所引起的励磁电源消失等。

②发生过电压。水轮发电机组的惯性较大，由于突然甩负荷（如发电机总开关跳闸）后，调速器动作迟缓，导致来不及关闭而使发电机转速急剧升高，引起危险的过电压。特别是当调速器失灵或强行减磁装置拒绝动作时，则过电压更加严重（可达$2U_{gm}$以上）。

（6）发电机的不正常运行状况主要是过负荷。由于外部短路和过负荷引起的过电流将使发电机绕组过热，长时间过负荷将加速绝缘的老化。

短路电流衰减快。由于目前中小型水轮发电机广泛采用结构简单、造价低廉，运行维护方便的自并励或直流侧并联的自复励静止励磁方式（静止二极管或静止晶闸管供给励磁）。因此发电机机端或近处短路时，励磁电源电压降低或消失，使稳态短路电流的数值小于额定电流值，防止影响后备保护的可靠动作。

发电机发生故障后，修理费用大，检修时间长。若发电机内部故障而引起铁芯的局部熔接，使发电机的修复时间加长甚至无法修复而报废。因此，发电机必须装设性能完善、能反应各种异常与故障状态的继电保护装置。根据《继电保护和安全自动装置技术规程》（GB/T 14285-2006）的有关规定，结合中小型水轮发电机的特点，反映其定子、转子部分可能出现的各种故障或异常状态的保护方式有以下几种：定子部分的保护、转子部分的保护、纵联差动保护、过电流保护、过电压保护、接地保护、水轮发电机的对称过负荷保护。

（二）水轮发电机组的继电保护

1. 定子部分的保护

（1）主保护

发电机与变压器不同，它是一种有源旋转电气设备。当在它的内部及引出线上发生故障时，仅分断路器 QF 还不足以使其内部的短路电流得到消除。这时只切断了系统（或并列运行的其他发电机）供给短路点的短路电流，而不能切除发电机本身供给短路点的短路电流。所以发电机保护在分断断路器 QF 的同时，还应分断励磁回路中的灭磁开关 Qfd，视其情况自动（或人工）停机，简称"三分"（即发电机出口断路器分闸，自动灭磁开关分闸及水轮发电机停机）。只有这样，发电机定子绕组才不再产生感应电动势和提供短路电流。水轮发电机一般采用将发电机励磁绕组 LGE 断开，并接入灭磁电阻 Rfd 的方法来进行灭磁。发电机励磁回路的灭磁电阻 Rfd 一般采用转子绕组热态电阻的 4~5 倍。

①过电流保护。它适用于 100kW 及以下单独运行的小型低压发电机。若发电机中性点侧有分相引出线时，装设在中性点侧。

若中性点侧无引出线，则在发电机引出线的端部上装设，但只能反应引出线的短路，而不能反映发电机内部相间短路故障，这种保护方式在高压水轮发电机中并不采用。

②电流速断保护。在 800kW 以下并列运行的小型水轮发电机机端上装设。若灵敏度不能满足要求时，应装设发电机纵差保护。

③纵差保护。800kW 及以上容量的水轮发电机；或者 800kW 以下的重要发电机均应装设纵差保护；800kW 及以下的一般发电机，当电流速断保护的灵敏度不能满足要求时，也应装设纵差保护。作为水轮发电机的主保护，防御发电机内部定子绕组及其引出线相间短路。其动作范围应包括发电机及其与发电机出口断路器之间的连接线（即构成纵差保护的两组电流互感器之间）。一组电流互感器应装在发电机中性点侧分相引出线上。

另一组电流互感器装在发电机引出线与断路器之间。

（2）后备保护

中小型水轮发电机的后备保护以过电流保护为主。作为发电机内、外部相间短路的后备，其装置作用于延时分断断路器和灭磁开关（即"二分"），此保护通常有 3 种：一般过电流保护适用于 800kW 以下的水轮发电机；欠电压启动的过电流保护，适用于 800~3000kW、3~10kV 出线电压的水轮发电机。但当稳态短路电流小于额定电流且衰减速度快时，宜采取"瞬时测定电流"的措施；复合电压启动的过电流保护适用于 3000kW 以上，3~10kV 出线电压的水轮发电机。在 800kW 以上的水轮发电机当采用欠电压过电流保护的电压元件灵敏度不能满足要求时也采用复合电流保护。

（3）单相接地保护

单相接地保护反应发电机定子绕组的单相接地故障。对于 3~10kV，接地电容电流大于或等于 5A 和 400V 的小型发电机应装设作用于"一分"的零序电流保护；对于 3~10kV，接地电容电流小于 5A 的小型发电机，应装设作用于信号的零序电压保护。

（4）过负荷保护

过负荷保护反应发电机定子绕组过负荷引起的对称过电流。为了防止发电机长期过负荷引起定子绕组的过热，通常在定子一相上装设过负荷保护装置，延时作用于信号。运行人员得到过负荷信号后，应及时调整发电机负荷。

（5）解列保护

解列保护用于防止本厂与系统出现非同期合闸时，发电机定子绕组中引起的过电流作用于"二分"。

（6）过电压保护

中小型水轮发电机在突然甩负荷时，由于水轮机进水阀不能立即关闭，而使水轮机转速升高产生危险的过电压，破坏定子绕组绝缘和烧毁单独运行系统的用电设备，故应有相应的保护措施。过电压保护，用以反映发电机突然甩负荷时，定子绕组中引起的对称过电压，通常用一只过电压继电器装设在线电压上，延时作用于"二分"，要防止突然甩负荷引起的过电压。

对发电机定子绕组匝间短路，至今还没有比较完善的简便保护方式。所以小型水轮发电机一般均不装设防御定子绕组匝间短路的比较复杂的横联差动保护，而是利用定子三相电流表来监视运行状况。

2. 转子部分的保护

（1）转子一点接地保护

转子一点接地保护装设在 1000kW 以上的水轮发电机上，用以反应发电机转子绕组的一点接地故障。此故障并不能形成故障电流，但它有发展成为两点接地的危险，故应作用于信号，以便运行人员进行情况处理（人工停机或不停机）。对于 1000kW 及其以下的水轮发电机宜采用转子一点接地定期检测装置（即转子励磁回路绝缘监测装置），而不专门装设转子一点接地保护。

（2）失磁保护

中小型水轮发电机因某种原因失去励磁后，将转入异步运行，在转子绕组中产生的差拍电流（或称差频电流）或电压可能毁坏转子绕组或击穿励磁装置中的晶闸管，故中小型水轮发电机一般不允许无励磁运行。失磁保护用以反映发电机转子绕组励磁电流消失或异常下降的故障，只用作分断发电机出口断路器（即"一分"）。水轮发电机通常采用两种简单的失磁保护：反应励磁开关 Qfd 误分的失磁保护，适用于带直流励磁机的水轮发电机；反应励磁欠电流的失磁保护，适用于带半导体励磁装置的水轮发电机。

当灭磁开关 Qfd 因某种原因误分断时，辅助动断触头 $Q_{fd \cdot 3}$ 和 $Q_{fd \cdot 4}$ 返回闭合，启动时间继电器 KT，延时 1~2s 后分断发电机的断路器 QF。延时目的是防止电力系统振荡和发电机自同时误动作。

水轮发电机的转子绕组的过负荷，可利用转子电流表进行监视。

3. 纵联差动保护

目前在 800kW 及以上的水轮发电机和 800kW 以下的重要水轮发电机中均采用纵联差动保护（简称纵差保护），代替电流速断保护，800kW 以下的一般水轮发电机，当电流速断保护的灵敏度不能再满足要求时，也采用纵差保护。

发电机纵差保护是根据比较发电机定子绕组始末两端的电流大小和相位的差异而构成的，能正确判断故障所在。在发电机中性点侧与靠近发电机出口断路器处分别装设了具有相同变比的同型电流互感器。两组电流互感器按照环流式差动接线构成纵差保护。和变压器纵差保护相比，发电机纵差保护的不平衡电要小得多。现介绍一种发电机纵差保护。

（1）高灵敏度纵差保护

发电机纵差保护的接线原理有两种：一种是动作电流大于发电机额定电流的纵差

保护，即"一般纵差"，其接线原理类同变压器纵差保护，但不使用差动继电器中的平衡绕组 Wba；另一种是动作电流小于发电机额定电流的纵差保护，即高灵敏度纵差，其接线是利用了平衡绕组 Wba 来降低动作电流。

采用动作电流小于发电机额定电流的高灵敏度纵差保护是为了提高发电机一般纵差保护的灵敏度，使发电机运行更加安全可靠，过去用较大容量的发电机。由于这种纵差保护无须增加任何投资，只是稍改接线即可提高灵敏度，故在中小型发电机上逐渐开始采用。现简要分析如下，图 4-1 为高灵敏度纵差保护原理图，此接线又被称为电流互感器 TA 断线闭锁装置。图 4-1 中差动线圈 $W_{d\cdot1}$，$W_{d\cdot2}$ 与 $_{d\cdot3}$ 分别接于对应各相的差电流上，而它们的平衡线圈 $W_{ba\cdot1}$，$W_{ba\cdot2}$ 与 $W_{ba\cdot3}$ 则串联在差动回路的中线上，与差动线圈反极性连接。同时，在差动回路的中线上串接了一个电流继电器 KC，以监测差动用的电流互感器 TA 二次回路的完整性。发电机正常运行和二次回路完整时 KC 中流过的电流为零（实际上有很小的不平衡电流）；当 TA 二次回路任一相发生断线时，KC 中流过发电机的负载电流的二次值而作用于延时信号。KC 的动作电流通常取 $0.2I_{gn}$。断线信号时限大于发电机后备保护过电流的时限。

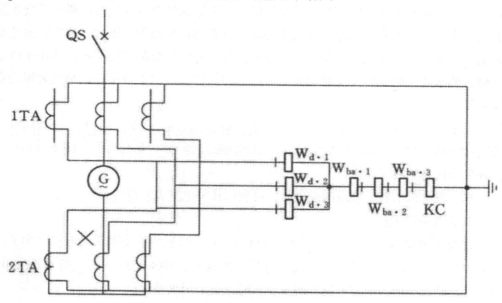

图 4-1 高灵敏度纵差保护原理图

（2）带断线监视继电器的发电机纵差保护

带断线监视继电器 KC 的发电机纵差保护原理接线图如图 4-2 所示。

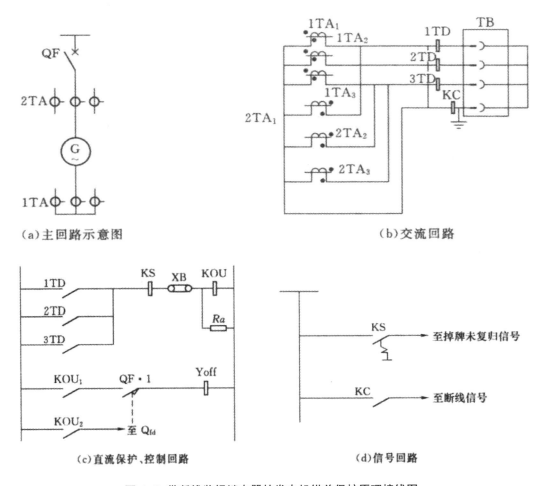

（a）主回路示意图　　　　　　　　　（b）交流回路

（c）直流保护、控制回路　　　　　　　（d）信号回路

图 4-2　带断线监视继电器的发电机纵差保护原理接线图

图 4-2 中 1~3TD 为差动继电器，KS 为信号继电器，KOU 为出口中间继电器，XB 为投入或退出保护用的连接片，R 为附加电阻，TB 为试验盒，KC 为断线监视继电器，Yoff 为断路器的跳闸线圈，Q_{F-1} 为发电机出口断路器的辅助触头。

在正常情况下，每相差回路两臂电流基本相等，流入差动继电器 1~3TD 的电流近似为零，小于继电器的动作电流，继电器不动作。差动回路三相电流之和流入断线监视继电器 KC，电流也近似于零，它小于 KC 的动作电流，KC 不动作。

如果发电机定子绕组或引出线上发生相间短路，则短路相的差动继电器中流过短路电流使之启动，其触点闭合启动 KS 和 KOU、KS 动作于信号，告诉值班人员差动保护已动作。KOU 动作后，上面一对触点 KOU1 闭合作用于跳开发电机出口断路器 QF；下面一对触点 KOU2 闭合作用于跳开发电机的灭磁开关 Qfd 使发电机转子灭磁。内部相间短路时，差动回路的三相电流之和接近于零，继电器 KC 就不会动作。

如果发电机差动回路的电流互感器 1 TA、2TA 接线端子有松动，可能造成二次回路断线，断线相的二次电流流过断线监视继电器 KC 的线圈，使之动作，经一定延时发出信号。

4. 过电流保护

当发电机外部发生短路故障时，例如连接在母线上的变压器，线路发生相间短路，该设备相应的保护装置或断路器拒绝动作时，或者在发电机电压母线上发生短路（未装设专门的母线保护）时都会有过电流流过发电机定子绕组的情况。为了能可靠地切除故障，在发电机上装设防御外部短路的过电流保护装置，作为纵差保护的辅助保护和发电机电压直配线路的后备保护。

过电流保护的范围一般会包括升压变压器的高（中）压母线，厂用变压器低压侧和发电机电压直配线路末端。

800kW 以下的小型发电机一般装设不带欠电压启动或复合电压启动的过电流保护；800~3000kW 的发电机可采用带欠电压启动的过电流保护；3000kW 以上的发电机，则多采用复合电压启动的过电流保护。

5. 过电压保护

为了防止由于水轮发电机突然甩负荷出现危险的电压升高而导致定子绕组绝缘遭到破坏，在水轮发电机组上应装设过电压保护，其原理接线如图 4-3 所示。

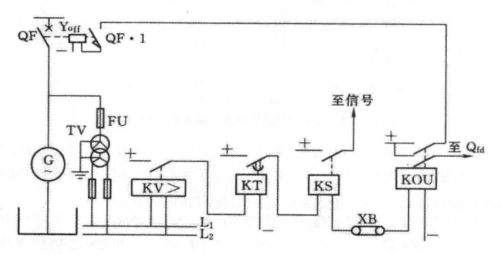

图 4-3 典型水轮发电机过电压保护原理接线图

过电压继电器 KV＞接在发电机出口电压互感器 TV 的二次侧引出电压小母线 L1、L2 上，当发电机电压上升到 $(1.5 \sim 1.7)U_{g \cdot n}$ 时，过电压继电器动作，动合触点闭合，使时间继电器 KT 励磁动作，保护装置经过约 0.5s 的延时后动合触点闭合使信号继电器 KS 和出口中间继电器 KOV 同时动作，一方面发出过电压保护动作信号，另一方面动作于跳开发电机出口断路器 QF，并跳开灭磁开关 Qfd。

0.5s 的延时动作可以躲过大气过电压的作用，防止保护误动作。

水轮发电机在突然甩负荷时，因进水阀来不及关闭致转速升高，若不加以限制的话，电压可达 $2U_{g\cdot n}$ 以上，大大超过了发电机励磁系统强行减磁的作用范围。一般为 $(1.2 \sim 1.3)U_{g\cdot n}$，这仍然对发电机定子绕组的绝缘威胁甚大。因此，在中小型水轮发电机上装设过电压保护是完全必要的。

三、电力变压器保护

（一）电力变压器保护的特点及设置

电力变压器是一种静止的电气设备，结构简单可靠，运行环境和条件较好，发生故障的概率较少，且易实现"两端测量"的故障测量方式，以构成全范围的速动保护（如纵联差动保护）。但是在运行中必须考虑可能发生的各种故障，特别是一旦发生故障将会给水电站乃至电力系统的正常运行带来严重的影响，而且它是充油设备，其油箱内的故障不及时消除，将会发生爆炸，甚至危及设备与人身安全，因此必须装设相应的继电保护装置。

1. 故障状态

变压器的故障通常可分为油箱内部故障和油箱外部故障两大类。油箱内部故障包括绕组的相间短路、单相匝间短路及绕组的接地短路（内部碰壳）等。这些故障将产生电弧、烧坏绕组的绝缘与铁芯，引起绝缘材料、变压器油的激烈气化，甚至造成油箱爆炸等严重事故；油箱外部故障常见的有变压器高、低压套管故障和引出线的相间短路及引出线外部碰壳的单相接地短路等。若变压器外壳密封不严或损坏，使变压器油不断外漏，将会引起油箱内部的油面降低，影响正常的运行。

2. 异常状态

变压器的异常状态即不正常运行状态，通常有过负荷、外部短路引起的过电流、油箱内部的油面降低、变压器的冷却系统故障及上述异常状态引起的油温升高等。

3. 保护方式

（1）瓦斯保护

它用于反应变压器油箱内部故障及油面降低，是变压器本体的主保护，并有"轻瓦斯"和"重瓦斯"之分。当箱体内产生少量气体或油面降低时，"轻瓦斯"作用于信号；当短时间内产生大量气体或产生强烈的油流时，"重瓦斯"作用于分闸。气体保护应用于容量在 800kVA（户内为 400kVA）及以上的油浸式变压器。

（2）电流速断或纵联差动保护

主要用于反应变压器绕组套管及引出线上的相邻短路，是变压器相间短路的主保护，兼单相接地保护。保护作用于分闸。对容量小于 2000kVA 的小型变压器一般可采用电流速断保护，当灵敏度不能满足要求时或者容量为 2000kVA 及以上的变压器，一般都要采用纵联差动保护（简称纵差保护）。

（3）过电流保护

它是变压器内、外部相间故障的主保护。如气体速断或纵差保护的后备保护，保护延时作用于分闸。它包括一般的过电流、欠电压启动的过电流（简称欠压过流）和复合电压启动的过电流（简称复合过流）等装置。

（4）过负荷保护

它用于反映变压器的对称过负荷，保护只反映一相电流即可，根据不同的情况延时作用于信号或分闸。

（5）零序电流保护

它做变压器中性点有效接地系统侧内、外部单相接地短路或绕组一相碰壳的后备保护，保护延时作用于分闸。

（6）温度保护

变压器的正常上层油温一般不得超过 85℃，它用于监视变压器油温升高及冷却系统故障，保护作用于信号。

应当指出，上述作用于分闸的保护均系断开变压器各电源侧的断路器（对于双绕组变压器，应断开变压器两侧断路器，对于三绕组变压器，应断开变压器三侧断路器）。

（二）气体保护

变压器油箱内部发生故障（如相间与匝间短路）产生电弧或内部某些部件发热时，都会使变压器油和绝缘材料分解并产生挥发性气体。由于气体比油轻，便上升到变压器的最高部位储油柜内。因此，变压器油箱内气体的产生和油向储油柜方向流动可作为变压器内部发生异常或故障的特征。利用这种特征构成的变压器保护称为气体保护，又称为瓦斯保护。

气体保护的主要优点是能全面地反映变压器油箱内部的各类故障。特别是发生匝数较少的匝间短路时，故障匝回路的电流很大，可能会造成严重过热，但反应在外部的电流变化却很小，各种反应电流量的保护都难以动作。气体保护对于切除这类故障有特殊的优越性），灵敏度高，接线简单，动作迅速。气体保护的主要缺点是电气故障时反应较迟，气体继电器在结构上还存在一定缺陷，误动作的情况也时有发生。

气体保护不能作为防御变压器各种故障的唯一保护。

1.QJ1-80 型气体继电器（KG）

气体保护中反应气体流动的测量元件是气体继电器，它装于油箱与储油柜之间连接油管（称为连通管）之中。其安装方向应使继电器外壳上的箭头标志指向储油柜的一侧。为使油箱内气体畅通，变压器的油箱盖应与水平面具有 1%~1.5% 的坡度（措施：安装变压器时将储油柜一侧用钢垫块垫高），连接油管与变压器的油箱盖平面之间应有 2%~4% 的坡度（在制造变压器时已考虑）。气体继电器是根据变压器油箱内气流与油流对它的冲击或油面降低而动作的，是一种非电气量的继电器。

气体继电器有浮筒式、挡板式及复合式形式。浮筒式采用双浮筒和水银接点，但是浮筒容易发生渗透漏油，水银接点受震动，均会引起气体保护误动作。挡板式虽做了改进，将重瓦斯部分增加金属挡板，并采用双水银触点串联，解决了因受震动引起的误动作问题，但浮筒的可靠性差。目前普遍采用由开口杯、金属挡板和干簧触点构成的复合式气体继电器（QJ1-80 型）。它具有较广的流速整定范围，适用性强具有很好的防震性能，可靠性大大提高，从而得到广泛应用。

2. 气体保护接线

气体保护的接线比较简单，如图 4-4 所示。图中气体继电器的触点 KG1 为轻瓦斯触点，延时作用于信号；KG2 为重瓦斯触点，瞬时作用断开变压器两侧断路器 QF1 与 QF2（设变压器两侧都有电源）。保护出口的中间继电器 KOU 具有 1 个电压起动线圈和 2 个电流自保持线圈，采用自保持接线的目的是防止挡板在油流中冲击下的偏转不稳定而使 KG 接触不可靠，影响断路器的可靠分闸。这样，只要 KG2 闭合一下，KOU 电压线圈带电，KOU 起动，其触点闭合，使 2 个电流自保持线圈同时带电，将 KOU 继电器保持动作状态（不管这时 KG2 是否已断开），直至 QF1 和 QF2 跳闸后，自保持回路依靠断路器的辅助触头 $OF_{1.1}$ 与 $OF_{2.1}$ 来解除。为了防止在对运行变压器的气体继电器进行试验时造成误跳闸切换片 XBC 应切换至电阻 R 上；R 值的选择应保证串联信号继电器 KS 可靠地动作。在变压器换油、加油或在变压器吊心大修后新投入运行时为防止重瓦斯保护误动作，应将切换片 XBC 切换至信号回路，24h 后再切换至分闸回路。

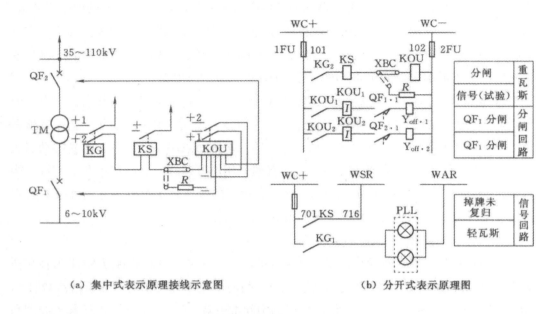

(a) 集中式表示原理接线示意图　　　　(b) 分开式表示原理图

图 4-4 气体保护原理图

（三）温度保护

当变压器的冷却系统故障或外部短路时会引起变压器油温升高。油温升高将使绝缘材料迅速老化，从而缩短变压器的寿命，并可能引起变压器油箱内部故障。变压器油温越高，油温劣化速度越快，绕组绝缘老化也越快，导致使用年限减少。如变压器油温长期在 80℃ 时可使用 52 年，而在 100℃ 时只能使用 11 年，当油温为 140~150℃ 时就不能使用了。因此《变压器运行规程》规定：上层油温正常时不宜超过 85℃，最高允许值为 95℃。根据运行经验，通常变压器运行中的上层油温均在 55~85℃ 之间，夏季油温均在上限。为此，现行规程规定采用温度保护来监视变压器的油温。保护作用于信号。

温度保护的测量元件是温度继电器 KDT（或 KQ），它同气体继电器一样，也是一种非电气量的继电器。为了保证电力变压器安全运行，凡容量在 1000kVA 及以上的油浸式变压器均装有温度保护监视上层油温情况；对于厂用变压器，凡容量在 320kVA 及以上，通常都装设温度保护。对于强迫油循环的大容量变压器，还应装设反应冷却系统故障的保护，并作用于变压器的断路器分闸。

（四）电流保护

1. 电流速断保护

气体保护能灵敏而快速地反应变压器油箱内部的故障，因此对于中小容量的变压器，当灵敏度能够满足要求时，电源一侧的电流速断保护就会产生作用，该保护作为主电源侧绕组、套管及引出线故障（尤其是套管闪络击穿引起的相间短路故障）的主保护，瞬时作用于变压器的断路器分闸。

电流速断保护的优点是能瞬时切除变压器主电源侧引出线及其绕组的故障，且接线简单；其缺点是保护的整定值较高，保护范围受到限制，即不能保护变压器非电源侧全部绕组及非电源侧引出线上的短路故障，而是靠气体保护和过电流保护来反应动作于分闸。对于容量较大（2000kVA 及以上）的变压器，以及当电流速断灵敏度不能满足要求时，应采用纵差保护，而不能采用电流速断保护。

当系统容量不大时，电流速断保护的保护区很短，延伸不到变压器内部，且灵敏度也达不到要求；变压器非主电源一侧的外部（从套管到断路器一端）短路，在电流速断保护的死区范围内，须靠过电流保护切除故障，动作速度慢，对系统安全运行威胁大；对于并联运行的变压器，当非主电源侧发生短路时，将由过电流保护动作，无选择性地切除所有变压器。

2. 过电流保护

过电流保护是变压器内、外部短路（气体、纵差与电流速断保护等）的后备保护，其电流互感器均装于变压器的主电源侧。

变压器的过负荷能力较强，在实际运行中要利用它的过负荷能力。但从整定值上躲过负荷电流，保护灵敏度往往不够，故对一般容量的变压器过电流保护多采用欠电压闭锁或复合电压闭锁，以降低动作电流，提高电流元件的灵敏度。

水电站主变多数采用 Y，d11 接线。当过电流保护采用两相继电器方式接线时，就难以保证其灵敏度，因此变压器过电流保护应采用三相式或两相三继电器式接线，来使保护具有较高的动作灵敏度。中小型水电站中电力变压器过电流保护有以下三种：

（1）一般的过流保护

一般的过电流保护，通常用于容量较小的单电源双绕组变压器。采用三相式接线且保护作用于跳开变压器电源侧的断路器 QF。其整定值应超过变压器可能出现的最大负荷电流。动作时限按阶梯原则整定，当与高压侧线路断路器的动作时限配合时，其时限级差一般取 0.5s。灵敏系数要求，在做近后备保护时 $K_{sen} \geqslant 1.5 \sim 2$；在做远后备保护时 $K_{sen} \geqslant 1.2$。

（2）欠电压起动的过电流保护（简称欠压过流保护）

一般过电流保护的动作电流较大，往往不能满足灵敏度的要求。采用欠电压启动便可区别负荷状态与短路状态。在此情况下，电流继电器可按躲过变压器的额定电流 $I_{tm} \cdot n$ 来整定。而 $I_{op} = (1.2 \sim 1.3)I_{tm \cdot n} / K_{re}$ 降低了动作电流，可以提高保护的灵敏度。但是，若不采用电压闭锁元件，则在过负荷时，过电流保护要误动作，为了防止过电流保护在过负荷时发生误动作，采用欠电压启动，这就构成了欠压过流保护。

当正常运行或发生过负荷时，由于电压变化不大，欠电压继电器不能动作，欠压过流保护被闭锁住。当保护区内发生相间短路时，一方面电流增大，电流继电器动作；另一方面电压降低，欠电压继电器动作，整套欠压过流保护动作，延时动作于主变断路器分闸，切除故障。当电压回路发生断线或熔断器熔丝熔断时，保护不会误动作，发出电压回路断线信号，提醒运行人员进行及时处理。

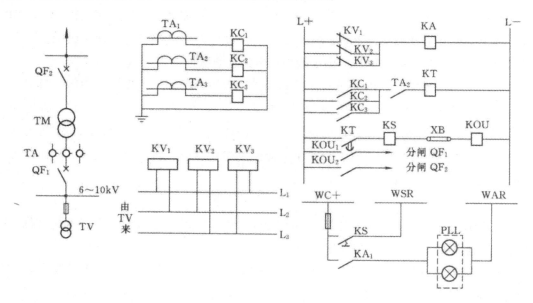

图 4-5 变压器欠电压启动的过电流保护分开式表示原理图

图 4-5 中欠电压继电器接自变压器低压引出线（或低压母线）上的 TV 二次侧线电压上，这样可以保持低压侧母线上短路与变压器短路时的灵敏度。欠电压继电器按躲过变压器正常运行时母线上可能出现的最低工作电压（在外部故障切除后电动机自启动时，欠电压元件应能可靠返回）来整定。根据运行经验，通常 $U_{op} = 0.7U_{m \cdot n}$ 过电流保护采用星形接线，电流互感器 TA 装于变压器主电源一侧（即升压变压器的低压侧），电流继电器接于电流互感器二次侧，这样既可以反映任何相间短路故障，又可以具有相同的灵敏度。

对于升压变压器，如果欠电压继电器只接在变压器低压侧引出线（或低压侧母线）电压互感器的二次侧，则当高压侧发生相间短路时往往不能满足保护的灵敏度要求（因为高压侧短路时，反映到变压器低压侧电压降低的不多，欠电压继电器反应不够灵敏）。若采取两套欠电压继电器，分别接在变压器高、低压侧的电压互感器的二次侧并将其触点并联，虽然可以达到灵敏度要求，但这样做却会使保护接线复杂化。因此，不采用这种接线，而广泛采用复合电压启动的过电流保护。

（五）纵联差动保护

1. 纵联差动保护的原理

（1）两端测量保护的概念

在输电线路保护中，电量的取样来自线路的电源侧，称为单端测量。由于单端测量保护受测量误差及对策电源等因素的影响，难以从电量的变化上准确地判断出保护区末端内、外侧的故障，所以还需从时限上与相邻元件的保护相配合，即在降低速动性的条件下才能实现全线路保护有选择性地动作。因此单端测量保护在原理上就不能实现全线路（或设备全范围）的速动保护。

要实现被保护线路（或设备）的"全线"速动，就必须将被保护元件的末端电量与首端电量进行比较，才能准确地判断出故障区域，实现"两端测量"。

以基尔霍夫电流定律为基础的电流差测量就是一种简单易行的"两端测量"方法，如纵联差动保护是以专设的控制电缆作为"两端测量"信息的交换通道（工频通道）。

（2）纵联差动保护的工作原理

由于电流速断保护不能保护变压器非主电源侧的绕组及引出线上的故障，因而对 2000kVA 及以上容量的中小型水电站主变压器要装设纵联差动保护（简称"纵差保护"），以此来实现对变压器全范围故障（如内部高低压侧套管、引出线等故障）的快速切除。

变压器纵差保护的基本原理是比较被保护变压器始、末两端电流的数值大小和相位，即采用"两端测量"方式。为此，在变压器两端均装设电流互感器 TA，其二次绕组用控制电缆按"环流法"连接，差动继电器 KD 接于环流回路上，如图 4-6 所示。

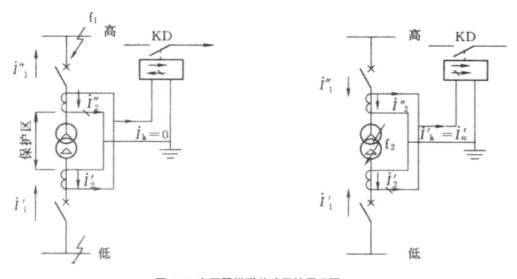

图 4-6 变压器纵联差动保护原理图

当变压器正常运行或保护区外部 f1 点发生短路时，如图 4-6（a）所示，变压器两侧 TA 的二次电流，二次电流虽在环流回路中循环，但流入差动继电器 KD 的电流却两侧二次电流之差，即 $\dot{I}_k = \dot{I}_2' - \dot{I}_2'' = 0$，差动继电器 KD 不动作（说明：变压器外部短路时，电流互感器的一二次电流数值上比正常运行时增大，但流向没有变，即两者相位是相同的）。

纵差保护区内 f2 点发生短路时，如图 4-6（b）所示，电流 I_1'' 和 I_2'' 改变方向为零，流入差动继电器 KD 的电流 $\dot{I}_k = \dot{I}_2' + \dot{I}_2'' = \dot{I}_{sc}$（$\dot{I}_{sc}$ 是短路点的短路电流二次测数值），差动继电器 KD 动作，瞬时断开变压器两侧的断路器。

2. 纵差保护不平衡电流 I_{vnb}

变压器纵差保护采用上述措施后，在正常运行和保护区外部短路时，实际流入差动继电器的电流仍不为零，有时甚至很大，这种电流称为不平衡电流 I_{vnb}。I_{vnb} 有时可能造成纵差保护误动作。I_{vnb} 成为变压器纵差保护有一个突出问题，如果不能克服 I_{vnb} 对变压器纵差保护的影响，纵差保护就不能在变压器保护中得到成功地应用。现将不平衡电流产生的原因及其克服方法简要说明。

（1）变压器的励磁涌流

由电机学可知，变压器正常运行时仅在电源侧绕组中流过数值很小（变压器额定电流的 2%~10%）的励磁电流 I_{fi}。但当电压突然升高（如变压器空载合闸时和外部短路消除后，电压恢复过程中）时，可能产生数值很大的冲击励磁电流，其值可达变压器额定电流的 5~10 倍。这个冲击励磁电流称为励磁涌流 $I_{fi,im}$。由于 $I_{fi,im}$ 仅出现在变压器的电源一侧，有可能造成纵差保护误动作。为了防止纵差保护误动作的发生，目前所采用的躲过励磁涌流的方法有：利用非周期分量制动的电磁型（BCH 型差动继电器）变压器纵差保护；利用二次谐波制动的整流型或晶体管型变压器纵差保护；利用内部短路电流与励磁涌流的波形间断角分别进行制动的晶体管型变压器纵差保护。

（2）变压器两侧电流互感器的型号不同

电流互感器的型号不同，其特性也有差异。装在变压器两侧的电流互感器的型号不同时，差动保护会因此有不平衡电流 I_{vnb} 流过。在保护整定计算时，常常考虑一个同型系数 K_{is}，来消除不平衡电流的影响。当两侧 TA 型号相同时 K_{is} 取 0.5，型号不同时取 1。

（3）变压器两侧电流互感器的计算变比与标准变比不同

在实际应用中，变压器两侧 TA 都采用定型产品，所以计算出的变比与标准变比（产品的实际变比）往往不一样，两侧 TA 不一样的程度也不同，这就是在差动回路中引起了不平衡电流 I_{vnb}。通常是在速饱和变流器上增加一个平衡线圈 W_{ba}，利用磁势平衡原理（即在正常情况下铁心中总磁势为零）来消除 I_{vnb} 的影响，W_{ba} 通常置于二次电流小的一侧，其匝数是可以调节的。平衡线圈的作用是用来补偿由于变压器两侧 TA 二次电流大小不同引起的 I_{vnb}。

（4）变压器调节分接头

当变压器调节分接头后，将引起变压器的变比随之改变，两侧电流互感器二次电流的平衡关系被破坏，产生一新的 I_{vnb}。因此，一般在保护整定计算时，采取提高保护定值的办法来消除由手改变变压器分接头后产生的 I_{vnb}。

（六）小接地电流系统的绝缘监察和接地保护

1. 电力系统中性点接地方式

各级电压电力系统的中性点是指输配电线路所连接的变压器在该电压侧连接成星形时的中性点。如果是发电机电压的直配线路构成的电力系统，就是指发电机连接成星形时的中性点。

某级电压电力系统的中性点，直接连接或经小阻抗与接地装置连接，则这级电压的电力系统称为中性点直接接地系统。若中性点不接地或经消弧线圈与接地装置连接，则称为中性点非直接接地系统。在不接地系统中，所有变压器的中性点均不接地。在中性点直接接地系统中，有时为了满足一定的技术条件，也要求部分变压器的中性点不接地。

对于额定电压为 1kV 及 1kV 以上的电力系统，其单相接地电流或在同一地点两相同时接地的入地电流大于 500A 时，称为大接地短路电流系统；等于或小于 500A 的中性点非直接接地系统属于小接地短路电流系统，称为小接地短路电流系统。一般中性点直接接地系统属于大接地短路电流系统。

电力系统中性点的接地方式如何，与电气设备和线路的绝缘水平要求有极大的关系，中性点直接接地系统的绝缘水平可以比中性点不接地系统低些。但是单相接地时的入地电流大小却相反，前者大，后者小。

输电线路的接地故障有永久性接地和瞬时性接地两种。前者通常是绝缘击穿或导线落地等。后者通常为雷击闪电、导线上落有异物等。以雷击闪电为例，在线路遭受雷击情况下，绝缘子表面或空气间隙可能被击穿闪络，但绝缘子的内部绝缘一般是不会被击穿的，因此闪络仅仅是瞬时现象。在中性点不接地系统中，如果接地电流小于 5A，雷击过后，很难在闪络点形成稳定的电弧，因此接地故障就能自动消除，不致于中断供电。即使发生了绝缘子被击穿这类的永久性接地故障，由于线电压不变，对用电设备的正常运行不会产生严重影响，所以允许在短时间内继续运行，而不必立即切断线路。此时，可以一边寻找接地故障，一边进行倒闸操作或带电检修，从而使供电不受影响，这样就提高了供电的可靠性。

由于中性点不接地系统具有上述优点，在系统电压较低，输电线路总长度较短的情况下，比较充分地采用中性点不接地方式。但是，随着系统的扩大，中性点不接地方式就不能适应需要。这是因为接地电流增大，当发生瞬时接地故障时，不能自动熄弧，可能造成间歇性电弧，产生弧光接地过电压，不但不能自动消除故障，而且会威胁系统的安全运行。为此，需改用中性点直接接地或经消弧线圈接地的接地方式。

2.绝缘监察和接地保护装置

当小接地电流系统中发生单相接地时，由于没有直接构成回路，接地电容电流比负载电流小得多，而且系统线电压仍然保持对称，不影响对用户的供电，因此允许带一个接地点继续运行1~2h。但是由于非故障相对地电压要升高（当某相发生金属性接地时，故障相电压为零，非故障相电压升高几倍，即由原来的相电压升高到线电压），对绝缘造成威胁，若绝缘被击穿，就会发展成为故障（相间短路接地）。为此应装设绝缘监察装置，以便在系统中某处发生接地时，能及时发出指示或信号，值班人员知道发生接地现象后，应采取一定措施予以消除。

（1）绝缘监察装置。

①用三个单相电压互感器和三个电压表的绝缘监察装置。它是根据电网发生单相接地时，接地相对地电压降低，非接地相对地电压升高这个特征构成的。

三个单相电压互感器原副边皆为星形接法。电压表接入副边相电压。电压互感器原绕组中性点接地是为了测量相对地之间的电压，副边中性点接地是为了人员和设备的安全。当电网发生单相接地时（例如A相接地），A相电压表指示数值下降，B、C两相电压表指示数值上升。根据这个特性，可以判定是A相发生接地。运行人员只有密切注视仪表指示值的变化，才能及时发现单相接地现象。

②在发电机中性点接入单相电压互感器，二次侧接入过电压继电器的绝缘监察装置。

当发电机中性点和大地之间接入一个单相电压互感器时，在电压互感器的二次侧接入一个过电压继电器。当网络在正常运行情况下，中性点和大地之间的电压为零，电压互感器二次输出电压也为零，继电器不动作；当网络中发生单相接地时，中性点对地电位升高，电压互感器二次侧就有电压输出；当输出电压足够大时，过电压继电器就会动作，其接点闭合，发出警铃信号和灯光信号。

③由三相五柱式电压互感器构成的绝缘监察装置。三相五柱式电压互感器由五个铁芯柱组成，有一组原绕组和第二组副绕组，均绕在三个中间柱上，其接线方式是 $Y_0 \ddot{A} Y_0 /$ 。

当运行人员得到网络中发生单相接地的信号，并根据电压表指示判断出接地相别后，还不知道接地点在哪里，这时可采用一次临时拉合各条输电线路的办法寻找接地点；如拉开某条线路时，系统接地现象消失，就可以断定接地点在该线路上，然后可采取措施，转移负荷，再停电检查修复（拉合线路的次序是先拉次要线路，后拉主要线路）。这种方法只适用于出线较少的发电厂（或变电所）。

在电网正常运行时，由于电压互感器本身有误差以及高次谐波电压的影响，所以第二副绕组的开口三角形 L、N 两端点间有不平衡电压存在。电压继电器的动作电压应躲过这一不平衡电压，故一般整定为 15V。

选择性零序电流保护。在电网结构比较复杂，线路比较多的情况下，采用绝缘监察装置虽然可以及时发现单相接地现象，但是寻找接地点却比较费时。为此，必须在这种电网的每一条线路上都装设一套选择性零序电流保护装置，利用接地时产生的零序电流，使保护装置动作。

零序保护必须要有零序电流互感器，其构成方法有两种：一种是用三个单相电流互感器构成零序电流滤波器。由于三个电流互感器的误差特性不会完全一样，所以即使三相电流对称，它的二次侧仍有一个较大的不平衡电流输出。另一种是为了减少这种不平衡电流，在电缆线路上都采用专门的零序电流互感器。把它套在三相电缆外面，这样二次输出的不平衡电流可以大大减少。

保护装置由零序电流互感器和电流继电器组成。零序电流互感器的一次线圈是接于电缆线路的三相导体，其二次线圈接于电流继电器。当线路正常运行时，通过零序电流互感器一次侧三个电流之矢量和为零，二次侧只能用于三相导线排列不对称所产生的不平衡电流，电流继电器不动作。当该线路发生单相接地时，线路中出现较大的零序电流，反映至互感器二次侧，并流入电流继电器，使之动作。考虑到在线路上发生单相接地时，接地电流不仅从地中流过，也有可能沿着电缆铅皮和铠装的钢带流通，为了防止在保护区外发生单相接地时，该电流使非故障线路的零序电流保护装置误动作，同时为了避免该电流使故障线路的零序电流保护装置的灵敏度降低，应将电缆头至零序电流互感器的一端电缆用绝缘支架固定，使之与地绝缘。同时，电缆头及电缆铅皮层的保护接地线应沿着电缆方向穿过零序电流互感器的导磁体接口。这样使接地线中流过的电流和电缆外皮中流过的电流数值相等，而方向相反，对零序电流互感器的导磁体不产生附加磁通。

第二节　水电站自动化及计算机监控系统

水电站自动化就是要使水电站生产过程的操作、控制和监控能够在无人（或少人）直接参与的情况下，按预定的计划或程序自动地进行。

水电站实现自动化的作用在于提高工作的可靠性和运行的经济性；保证电能质量（电压和频率符合要求）、提高劳动生产率、改善劳动条件和减少运行人员等。水轮发电机组要能迅速地开停机、改善运行工况和调节出力,只有在实现自动化以后才能更好地完成。

一、提高工作的可靠性

通过各种自动装置能够快速、准确地进行检测、记录和报警。当出现不正常工作状态时,自动装置能发出相应的信号,通知运行人员及时地处理或自动处理。发生事故时,自动装置能自动紧急停机或断开发生事故的设备,并能自动投入备用机组或设备。可见实现自动化既可防止不正常工作状态发展成为事故,又可使发生事故的设备免遭更严重的损坏。

用各种自动装置来完成水电站的各项操作和控制(如开停机操作和并列),可以大大减少运行人员误操作的可能,从而也减少了发生事故的机会。此外,采用自动装置进行操作或控制,还可大大加快操作或控制的过程,这对于在发生事故的紧急情况下保证系统的安全运行和对用户的供电,具有非常重要的意义。例如,水轮发电机采用手动开机时,一般需要10~15min才能将机组并入系统;而采用自动装置开机时,通常只需要1min便可投入系统并带上负荷。

二、保证电能质量

电能质量用电压和频率两项基本指标衡量。电压或频率偏离额定值过大,将引起生产大量减产或产品报废,甚至可能造成大面积停电。电压偏移一般不应超过额定值的 ±5%;频率偏移不应超过 ±(0.2~0.5)Hz。电力系统的电压主要取决于系统中无功功率的平衡,而频率则主要取决于系统中有功功率的平衡。随着系统负荷的随机变化,要维持电压和频率在规定范围内就必须迅速而又准确地调节有关发电机组发出的有功和无功功率,特别是在发生事故的情况下,快速地调节或控制对迅速恢复电能质量具有决定性的意义。这个任务的完成,靠运行人员手动进行,无论在速度方面还是在准确度方面都是难于实现的。可见,提高水电站的自动化水平,是保证电力系统电能质量的重要措施之一。

三、提高运行的经济性

所谓经济运行,就是使水轮发电机组经常运行在最优工况下(即高效率区)。对于多机组的电站而言,还要根据系统分配给电站的负荷和电站的具体条件,选择最佳的运行机组数。一般说来,即使是同类型同容量的机组,由于制造工艺上的差异和运行时间长短的不同,它们的效率也不是完全相同的,而效率上的很小差异则可能引起经济效益的很大差别,这一点对于大型机组更是如此。例如,一台100MW的机组,效率提高 1%，按年运行 3000H 计算，每年就可多发 300 万 kW·h 的电能。水轮发电机组在不同的水头下运行具有不同的效率，即使在同一水头下，不同的导叶开度也具有不同的效率。因此合理地进行调度，以保证高水头运行，并合理选择开机台数，使机组在高效率区运行，获得很好的经济效益。对于径流式小型水电站，开机数完全取决于来水量；对于梯级电站来说，如能实现各电站合理最优调度，避免不必要的弃水，就可使水力资源得到更加充分地利用。

实现自动化以后，利用自动装置将有助于水电站经济运行任务的实现。例如，对于具有调节能力的水电站，应用电子计算机可大大提高运行的经济性，这是因为计算机不但能对水库来水进行预报计算，还可综合水位、流量、系统负荷和各机组参数等参量，按经济运行程序进行自动控制的原因。

四、提高劳动生产率

实现了自动化的水电站，很多工作都是由各种自动装置按一定的程序自动完成的，因此减少了运行人员直接参与操作、控制、监视、检查设备和记录等工作量，改善了劳动条件，减轻了劳动强度，提高了运行管理水平。同时可减少运行人员数量，实现无人值班或少人值守，提高劳动生产率，降低运行费用和电能成本。

水电站自动化的内容与水电站的规模及其在电力系统中的地位和重要性、水电站的形式和运行方式、电气主接线和主要机电设备的形式和布置方式等有关。总的说来，水电站自动化包括如下内容：

第一，自动控制水轮发电机组的运行方式。

实现开停机和并列、发电转调相和调相转发电等的自动化。通常只要发出一个脉冲，上述各项操作便可自动完成。工作机组发生事故或电力系统频率降低时，可自动启动并投入备用机组；系统频率过高时，则能自动切除部分机组。小型水电站没有能力参与电力系统的调相任务，平时运行就是发电运行方式。大部分小型水电站不担任电力系统的调频、调峰任务，就是担负系统的一部分基荷。

第二，自动维持水轮发电机组的经济运行。

根据系统要求，自动调节机组的有功和无功功率，按系统要求和电站具体条件自动选择最佳运行机组数，在机组间实现负荷的经济分配。

第三，完成对水轮发电机组及其辅助设备运行工况的监视和对辅助设备的自动控制。

如对发电机定子和转子回路电量的监视，对发电机定子绕组和铁芯以及各部轴承温度的监视，对机组润滑和冷却系统工作的监视，对机组调速系统工作的监视等。当机组出现不正常工作状态或发生事故时，自动采取相应的保护措施，如发出信号或紧急停机。对辅助设备的自动控制则包括对各种油泵、水泵和空压机等控制，并在发生事故时自动地投入备用的辅助设备。

第四，完成对主要电气设备（如主变压器、母线及输电线路等）的控制、监控和保护。

第五，完成对水工建筑物运行工况的控制和监控。

如闸门工作状态的控制和监控，拦污栅是否堵塞及压差的监控，上下游水位的测量监控，引水系统、压力钢管等监控。

水轮发电机组自动程序控制的基本任务是借助于自动化元件及装置，组成一个不间断的操作过程，代替生产过程中的所有手动操作，即实现机组调速操作系统和油、气、水辅助设备系统的逻辑控制和监控，从而实现单机生产流程的自动化。随着技术的发展和自动化水平的提高，除上述基本任务外，机组的自动程序控制还与水电站的成组调节装置、自动操作器、远动装置以及微型工业控制机等具有良好的接口，以实现整个水电站的综合自动化。就这个意义来说，机组自动程序控制是实现全厂综合自动化的基础。

第五章 水电站其他电气设备运维

第一节 发电机励磁系统的运行与维护

一、励磁系统组成

（一）励磁系统简介

励磁系统是同步发电机的重要组成部分，它是供给同步发电机励磁电源的一套系统，是一种直流电源装置。励磁系统一般由两部分组成：一部分用于向发电机的转子绕组提供直流电流，建立直流磁场，通常称作励磁功率输出部分（或称励磁功率单元）；另一部分用于在正常运行或发生故障时调节励磁电流，来满足安全运行的需要，通常称作励磁控制部分（或称励磁控制单元或励磁调节器）。

励磁功率单元向同步发电机转子提供直流电流，即励磁电流，用来建立磁场。励磁功率单元必须有足够的可靠性并具有一定的调节容量。在电力系统运行中，发电机依靠励磁电流的变化对系统电压和机组本身的无功功率进行控制。因此，励磁功率单元应具备足够的调节容量来适应电力系统中各种运行工况的要求。也就是说，它具有足够的励磁峰值电压和电压上升速度，确保励磁系统的强励能力和快速的响应能力。

励磁调节器根据输入信号和给定的调节要求控制励磁功率单元的输出，它是整个励磁系统中重要的组成部分。励磁调节器的主要任务是检测和采集系统运行状态的信息，经过运算后，产生相应的控制信号。该信号经放大后控制励磁功率单元以得到所要求的发电机励磁电流。系统正常运行时，励磁调节器能控制发电机电压的高低以维持机端电压的给定水平。同时还能迅速反应系统故障，具备强行励磁等控制功能以提高暂态稳定和改善系统运行条件。

在电力系统的运行中，同步发电机的励磁控制系统起着重要的作用，它不仅控制发电机的端电压，而且还控制发电机无功功率、功率因数和电流等参数。

（二）励磁系统的功能与方式

1.励磁系统的功能

（1）正常运行时，按负荷电流和电压的变化调节（自动或手动）励磁电流，维持机端或系统电压在规定的范围内，并能按规定自动地分配系统中并列运行机组间的无功负荷。

（2）整流装置提供的励磁容量应有一定的裕度，应有足够的功率输出。在电力系统发生故障，电压降低时，能迅速地将发电机的励磁电流加大至最大值（即顶值），实现发动机安全、稳定运行。

（3）调节器应设有相互独立的手动和自动调节通道。

（4）励磁系统应装设过定子电压和过电流保护及转子回路过电压保护装置。

2.励磁系统的励磁方式

励磁方式，就是指励磁电源的不同类型。一般分为三种：直流励磁机方式、交流励磁机方式和自并励励磁方式。现代的励磁系统一般都采用自并励方式，这种方式由机端励磁变压器供给整流装置电源，经三相全控整流桥输出直流给发电机的转子励磁。

自并励方式的优点是设备和接线比较简单。由于励磁系统无转动部分，具有较高的可靠性；励磁变压器放置地点一般不受限制，可缩短机组长度；励磁调节速度快，是一种快速响应的励磁系统；机组整流器采用三相全控桥时，可用逆变来灭磁，使灭磁时间缩短。

自并励方式的缺点是整流输出的直流定值电压容易受发电机端或电力系统短路故障形式（三相、两相或单相短路）和故障点远近等因素的影响；需要启动电源，存在集电环和电刷。

（三）励磁系统主回路

1.励磁变压器

励磁变压器是一种专门为发电机励磁系统提供三相交流电源的装置，励磁系统通过晶闸管将三相交流电源转化为发电机转子直流电源，形成转子磁场。通过励磁调节器控制晶闸管触发角的大小，从而达到调节机端电压和无功功率的目的。励磁变压器通常接于发电机出口端，因发电机出口端电压较高，而励磁系统额定电压较低，故该变压器是一个降压变压器。

励磁变压器的安全、稳定运行，是发电机组安全、稳定运行的前提条件，是励磁系统可靠运行的关键。

2.功率柜

功率柜采用晶闸管三相全控桥整流电路，其接线特点是六个桥臂元件全都采用晶闸管，共阴极组的晶闸管元件及共阳极组的晶闸管元件都要靠触发换流。它既可工作于整流状态，将交流变成直流；也可工作于逆变状态，将直流变成交流。正是因为有逆变状态，励磁装置在正常停机灭磁时，不需要跳灭磁开关，可以大大减轻灭磁装置的工作负担。

3. 晶闸管过电压保护

由于晶闸管元件上的瞬时反向电压达到反向击穿电压时，将使晶闸管元件反向击穿，导致晶闸管损坏。产生过电压的原因，除了大气过电压之外，主要是由于系统中断路器的操作过程，以及晶闸管元件本身换相关断过程，在电路中激发起电磁能量的互相转换和传递而引起的过电压。

利用电容器两端电压不能突变、储存电能的基本特性，可以吸收瞬间的浪涌能量，限制过电压。为了限制电容器的放电电流，以及避免电容与回路电感产生振荡，通常在电容回路上插入适当电阻，从而构成阻容吸收保护。一般可抑制瞬变电压不超过某一允许值，作为交流侧、直流侧及晶闸管元件本身的过电压保护。

4. 晶闸管过电流保护

快速熔断器是晶闸管元件的过电流保护器件，可防止回路短路。

快速熔断器，其熔断时间一般在0.01s以内，专门用作硅元件的过电流保护器件。其熔体（或称熔片）的导热性能良好而热容量小，能快速熔断。通常是每个硅元件串联一个快速熔断器。

5. 功率柜风机

励磁风机主要是通过风冷却，带走晶闸管运行时产生的热量，使功率柜能够正常运行。励磁系统正常运行时，功率柜冷却风机的启动、停止控制是自动进行的。另外通过功率柜显示屏的薄膜按键操作，可手动启、停风机。

风机自动启动的条件："开机令"信号或本功率柜输出电流大于整定电流。

风机自动停止的条件："开机令"信号消失且本功率柜输出电流小于整定电流。

功率柜配有双风机时，可任意选择一主用、一备用。励磁系统正常运行中，只有主用风机投入运行。如果有主用风机启动命令但检测到主用风机故障时，则发出"风机电源故障"报警信号并自动保持，同时自动启动备用风机。

6. 灭磁及过电压保护

自动灭磁装置是在发电机出口断路器和励磁开关跳闸后，用于消除发电机转子磁场，目的是在发电机与系统脱离后尽快使发电机定子电压降低至零。

励磁系统应装设自动灭磁装置及灭磁开关。对采用三相全控桥的励磁系统宜采用逆变灭磁作为正常跳闸时的灭磁方式，自动灭磁开关作为事故时的灭磁方式。

氧化锌灭磁装置，即采用的非线性电阻是氧化锌电阻。

在灭磁开关灭磁系统中，转子的灭磁主要是依靠灭磁开关的灭弧栅功能来灭磁。

而在非线性电阻灭磁系统中，一般也有灭磁开关，但其作用主要是接通和断开转子回路，使转子建立起反电势并击穿非线性电阻，将转子磁场能量由开关转移到非线性电阻上，所以一般都是属移能型灭磁系统。

（四）微机励磁调节器

1. 微机励磁调节器的组成

目前，国内外普遍采用的是 PID+PSS 控制方式的微处理机励磁调节器。发电机励磁调节器的主要任务是控制发电机机端电压稳定，同时根据发电机定子及转子侧各电气量进行限制和保护处理，励磁调节器还要对自身进行不断地自检，发现异常和故障，及时报警并切换到备用通道。发电机的励磁调节器一般由以下几部分组成：

（1）模拟量采集部分

该部分采集发电机机端交流电压 Ua、Ub、Uc，定子交流电流 I_a、I_b、I_c，转子电流等模拟量，计算出发电机定子电压、发电机定子电流、发电机有功功率、无功功率、发电机转子电流。具体如下：调节装置通过模拟信号板（ANA）将高电压（100V）、大电流（5A）信号进行隔离并调制为 ±5V 等级电压信号，然后传输到主机板（CPU）上的 A/D 转换器，将模拟信号转换为数字信号（DIG）。一个周期内（20ms）采样 36 个点，进行实时直角坐标转换，计算出机端电压基波的幅值及频率、有功功率、无功功率、转子电流。

（2）闭环调节

励磁控制的目标是被控制量等于对应的给定量。软件的计算模块根据控制调节方式，从而选择被调节器测量值与给定值的偏差进行 PID 计算，最终获得整流桥的触发角度。

（3）脉冲输出

将 PID 计算得到的控制角度数据，送至脉冲形成环节，以同步电压 UT 为参考，产生对应触发角度的触发脉冲（SW），经脉冲输出回路输出至晶闸管整流装置。

（4）限制和保护

调节装置将采样和计算得到的机组参数值，与调节装置预先整定的限制保护值相比较，分析发电机组的工况，限制发电机组运行在正常安全的范围内，保证发电机组可靠运行。

（5）逻辑判断

在正常运行时，逻辑控制软件模块不断地根据现场输入的操作信号进行逻辑判断，是否进行励磁运行；是否进行逆变灭磁；是空载工况运行还是负载工况运行。

（6）给定值设定

正常运行时，软件不断地检测增磁、减磁控制信号，并根据增磁、减磁的控制命令修改给定值。

（7）双机通信

备用通道自动跟踪自动通道的电压给定值和触发角。正常运行中，一个通道为自动通道，另一通道为备用通道，只有自动通道触发脉冲输出可以控制晶闸管整流装置。为保证两个通道切换时发电机电气量无扰动，备用通道需要自动跟踪自动通道的控制信息，即自动通道通过双机通信（COM）将本通道控制信息输送出，备用通道通过双机通信读入自动通道来控制信息，从而保证两通道在任何情况下控制输出一致。

（8）自检和自诊断

调节装置在运行中，对电源、硬件、软件进行自动不间断检测，并能自动对异常进行判断和处理，以防止励磁系统的异常发生。

（9）人机界面

微机励磁调节器设置了中文人机界面实现人机对话，该人机对话界面提供数据读取、故障判断、维护指导、整定参数修改、试验操作、自动或手动录波等功能。

2. 励磁调节器的运行方式

发电机的励磁调节器一般有三种运行方式：

第一种是恒机端电压运行即自动运行。它对发电机端电压偏差进行最优控制调节，并完成自动电压调节器的全部功能，是调节器的主要运行方式。

第二种是恒励磁电流运行即手动运行。它对励磁电流偏差进行常规比例调节，由于只能维持励磁电流的稳定运行，故无法满足系统的强励要求，是调节器的备用和试验通道。恒励磁电流运行方式，一般是在恒机端电压运行下出现强励、TV断线、功率柜故障等情况时，调节器自动转换，故障消除后又自动恢复。

第三种是恒无功功率运行。它对发电机无功功率偏差进行常规比例调节，其投入也是自动的，比如调节器过励或欠励动作后，调节器就自动由恒机端电压运行转入恒无功功率运行，起稳定无功功率的作用。当这些限制复归后，其运行方式也自动恢复到恒机端电压运行。

3. 励磁调节器的限制功能

（1）瞬时/延时过励磁电流限制，即强励限制

所谓强励就是励磁电压的快速上升，衡量强励能力的指标是奖励倍数，它是指最大励磁电压和额定励磁电压的比值，一般取1.8倍。由于励磁装置强励时，励磁电流大大超过其额定值，所以为了励磁装置设备的安全，应对强励时的励磁电流进行限制。MEC的强力限制曲线是一个反时限曲线，又称为瞬时/延时过励磁电流限制，当励磁电流达到1.8倍额定值时，延时20s；达到2.4倍时，延时0s；只有1.1倍时，延时无穷大。强励限制动作后，调节器由恒电压运行方式自动转为恒励磁电流方式，限制励磁电流。

（2）功率柜停风或部分功率柜故障退出运行时的励磁电流限制

当励磁整流柜冷却消失或部分功率柜故障时，励磁装置的输出能力就会下降，此时若励磁强励或励磁电流太大，就会造成励磁功率柜过负荷损坏。所以一旦发生上述情况，调节器就由恒电压运行方式自动转化为恒励磁电流运行，相当于取消励磁强励功能，限制励磁电流。

（3）发电机无功功率过负荷限制

其限制值一般为额定无功功率。这样当发电机的无功功率超过其额定值时，正在恒电压运行方式下的调节器则自动转为恒无功运行。由于此时给定值是额定无功值，这样就限制了无功功率过负荷。

（4）发电机无功功率欠励磁限制

也就是发电机无功进相限制。发电机并网运行，由于系统电压变高，调节器就减少励磁电流，当励磁电流减少过多时，定子电流就会超过前端电压，发电机开始从系统吸收滞后无功功率即进相运行。如果进相太深，则有可能使发电机失去稳定而被迫停机即失去磁保护动作。为配合发电机静稳功率和热稳限制线，欠励限制也是一条直线。

（5）U/f 限制

也称为发电机变压器过励磁保护。所谓 U/f 限制就是在发电机频率下降的情况下降低发电机端电压。随着频率的下降，发电机端电压也要下降，而自动电压调节器为维持发电机端电压就需要不断增加励磁电流，直到励磁电流限制动作为止。显然，此时应对调节器的恒电压运行方式进行适当的调整，U/f 限制就是调整的方法之一。励磁调节器的 U/f 限制，用电压百分数与频率百分数的比值是否大于 1.1 作为判据。正常运行时，电压与频率的比值为 1，当频率下降而电压不变时，二者的比值开始大于 1。若频率的继续下降使二者的比值大于 1.1 倍时，U/f 限制动作，调节器自动减少给定值，使发电机端电压下降，保持电压与频率的比值不大于 1.1。当发电机频率下降很多时，U/f 限制直接逆变灭磁。

二、励磁系统的运行

励磁系统投入正式运行之前，应进行全面检查。检查的内容有：励磁系统所有操作电源、工作电源是否全部投入运行状态；励磁功率柜所有断路器、隔离开关是否全部合闸到位；自动励磁调节器工作状态是否正常（循环检测状态）；励磁操作系统有无器件故障，各部信号指示正确。

（一）启动升压操作

1. 手动启动升压

机组开机后检查机组转速不低于 95% 额定转速，手动操作 FMK 合闸。设置自动励磁调节器启动方式为"Ut"或"If"，还可通过小键盘"+""—"来设置发电机电压或励磁电流给定值。按下调节器面板上"手动启动"按钮，调节器将自动检测励磁系统工作状态，并发出"启动"命令，驱动 QLC，投入启动电源，使发电机建立初始电压。当机组机端电压或励磁电流达到最低闭环条件时，启动命令解除，机组及励磁系统进入闭环自动调节状态。手动操作增加或减少按钮，可以增减机组的机端电压或励磁电流。

2. 自动开机升压

自动开机升压可以完全由机组 LCU 装置控制。机组 LCU 装置接到上位机或运行人员的升压命令后，自动开启发电机和投入励磁系统相应设备。当机组转速达到 95% 额定转速以上时，发出"启动升压"命令，励磁调节器接到启动升压命令以后，按照运行人员预先设置的启动方式和给定值启动，最后的闭环操作和手动启动完全一样。一般情况下，采用自动启动方式时，给定值设置为额定机端电压。

（二）灭磁开关的操作

灭磁开关（FMK）的操作分为手动操作和机组 LCU 远方控制两种方式。FMK 的现地手动操作就是现地机旁灭磁开关盘上的分合闸按钮进行分闸与合闸操作。FMK 的远方控制由 LCU 装置根据运行人员或上位机的指令发出操作命令，励磁装置再根据操作命令执行。FMK 的操作还有一项重要的内容就是执行继电保护的分闸指令。当发电机发生电气事故时，灭磁开关迅速断开灭磁，以保证发电机和励磁装置的运行安全。

（三）发电机机端电压（无功功率）的调节

励磁装置的作用之一就是维持发电机机端电压保持在给定水平，作用之二就是合理分配并联机组之间的无功功率。这两个作用体现在发电机并网前后，并且都是靠改变调节器给定值来达到的。调节器给定值的改变可以在调节器操作面板上进行，也可以通过上位机和机组 LCU 装置进行远方调控，还可以在中控室使用无功功率调节把手进行。在调节器面板上调节机端电压（无功功率）时，操作面板上的增减磁按钮即可。使用机组 LCU 装置调节机组无功功率时，首先在 LCU 上设定无功给定值，然后由 LCU 比较给定值与测量值，并根据比较的结果向励磁调节器发出调节脉冲，直到无功功率的测量与给定之差小于调节死区。

通过上位机进行机组无功功率调节时，可以实现全厂机组的 AVC 控制调节，此时各机组的无功功率给定值由 AVC 设定；也可以在上位机操作键盘上直接设置无功功率给定值。一旦上位机将各机组的无功功率设定好，就立刻向各机组的 LCU 装置发出调节指令，机组 LCU 装置再向励磁调节器发出调节指令。

（四）励磁系统运行操作

（1）励磁系统正常情况下在控制室远方操作。直接安装在励磁系统前面板上的就地控制屏只在调试或紧急控制时使用。

（2）远控或就地控制。远控是指通过中控室上位机监控系统对励磁系统发出命令，如远方进行无功功率或电压的增减调整。就地控制是指在现地通过励磁装置控制面板上的增减按钮对无功功率或电压的增减进行调整。

（3）灭磁开关（FMK）合闸/分闸。只要无跳闸信号，合闸命令就可以合上灭磁开关。开关一旦合闸，励磁回路接通。分闸命令可以断开灭磁开关，同时励磁退出。励磁系统中的整流器转换为逆变方式运行，同时将灭磁电阻与转子绕组并联，使发电机通过整流器和灭磁电阻快速灭磁。

（4）励磁系统投入/退出。励磁系统投入命令用于发电机励磁系统投入。励磁系统向发电机转子提供励磁电流，发电机电压迅速升压到额定值。如果跳闸命令存在，励磁投入命令就会被闭锁。当励磁系统投入命令发出时，在断开位置的灭磁开关就会自动闭合。灭磁开关闭合以后励磁投入，励磁电流流通。完成启动的前提是励磁开关在合位；无分闸命令和跳闸信号；发电机转速应当大于额定转速的 90%；因励磁变压器直接由发电机机端供电，机组刚启动时机端电压较低，无法建立初始的励磁电压，因此必须有外接启动电源。

励磁退出命令用于立即切断发电机励磁。励磁系统整流桥切换到逆变运行，灭磁电阻与转子绕组并联，发电机通过整流桥和灭磁电阻迅速灭磁。励磁退出命令的同时跳励磁开关。励磁退出操作条件是发电机出口开关断开（发电机空载运行）。

（5）励磁调节器通道的切换。励磁调节器一般由两个完全独立的、具有调节和控制功能的主通道组成，这两个主通道软件和硬件配置完全相同。可任选 A 通道或 B 通道作为自动通道，则另一通道为备用通道，备用通道总是自动地跟踪自动通道。如果 A 通道设为自动通道，则 B 通道为备用通道，当励磁系统运行时，若检测到 A 通道故障，系统自动将 B 通道切换为自动通道，同时，A 通道退出运行。在故障排除前不能再设置 A 通道为自动通道。如果备用通道故障，则将闭锁从自动通道手动切换到备用通道。

（6）自动/手动方式之间切换。励磁系统的每个通道包括自动和手动两种调节方式。在自动方式中，调节方式为电压闭环调节。励磁系统自动调节发电机机端电压，维持机端电压恒定。

在手动方式中，调节方式为励磁电流闭环调节，励磁系统自动维持发电机转子电流恒定。在该方式下，随着发电机有功负荷的变化，发电机无功负荷（机端电压）也会相应变化。这时，为了维持无功负荷（机端电压）恒定，必须及时手动调整机组励磁电流。

机组正常运行时都采用自动方式。只有在机组试验或故障（例如励磁用电压互感器断线）时才使用手动方式。

（7）切换到紧急备用通道（EGC）。除两个主要通道之外，励磁系统一般还有一个紧急备用通道，C 通道。该通道与主通道的手动方式类似，C 通道设有一个励磁电流调节器。C 通道还装有过电压保护和独立于主通道的触发脉冲形成功能。C 通道只能调节励磁电流，而不能调节发电机电压。C 通道的励磁电流调节器自动跟踪主通道，在主通道发生故障的情况下，自动进行无扰动切换。从主通道向 C 通道的手动切换只能由励磁专责人员进行。

（8）PSS 投入 / 退出。PPS 用于阻尼发电机转子或电网的低频振荡。PSS 投入条件是：发电机励磁系统试验良好；励磁调节器工作通道自动调节正常；备用通道跟踪正常；根据调度命令确定 PSS 的投、切。

三、励磁系统的检查和要求

（一）励磁系统的检查

（1）发电机电压、电流和励磁电压、电流指示正常且稳定。

（2）选定的功率因数已达到设定值（PF 控制投入时）。

（3）无报警和限制器动作信号。

（4）备用跟踪正常。

（5）电子间室内温度正常。

（6）"自动"和"手动"通道的设定值都不在其限制位置。

（7）自动 / 手动跟踪显示正常。

（8）调节器柜无报警动作，各仪表指示正常。

（9）整流柜各冷却系统工作正常，整流桥温度正常，空气进出风口无杂物堵塞。

（10）调节器无异常声音。

（11）调节器各柜门均在关闭状态，冷却风机运行正常。

（12）检查各整流柜输出正常。

（13）检查变压器运行声音正常，无焦味。

（14）检查变压器各接头紧固，无过热变色现象，导电部分无生锈、腐蚀现象，套管清洁且无硬化、爬电现象。

（15）绕组及铁芯无局部过热现象和绝缘烧焦的气味，外部清洁无破损、无裂纹。

（16）电缆无破损，变压器无杂物。

（17）绕组温度正常。

（18）检查变压器前后柜门均在关闭状态。

（19）检查变压器无漏水、积水现象，照明充足，周围消防器材齐全。

（二）励磁系统运行规定

（1）当发电机强励时，允许以不小于 2 倍的转子电压强励 10s。

（2）正常情况下，调节器应选择"远方控制"方式。

（3）每一个通道中，有一个主通道和一个附属紧急通道（EGC）。在每个通道的主通道里，又分自动控制（AVR方式）和手动控制（FCR方式）。正常是自动控制，自动控制故障后自动切换为手动控制，手动控制方式需要操作员对励磁系统进行监视与调整。在自动方式恢复正常后，应手动切回到自动方式。

（4）附属紧急通道作为主通道的紧急备用，紧急通道自动跟踪主通道信号。当只有一个通道可以正常运行，而此时通道中的主通道又发生故障，励磁系统就自动切换到紧急通道。在紧急备用通道工作时，只有手动控制方式。

（5）正常运行时，系统提供了两个通道的跟踪。在通道无故障时，备用通道自动跟踪自动通道，这时可从任一通道切换至另一通道。切换时应检查通道间跟踪是否正常。如果备用通道有故障则不允许切换。

（6）手动/自动切换，必须在手动/自动跟踪正常时才允许切换。在手动方式时，励磁调节器的一些限制功能（如过励、欠励、频率/电压限制等）将自动退出，因此手动运行时一定要注意励磁系统的运行参数，切勿超参数运行。

（7）在手动方式运行时，及时汇报调度，应有专门运行人员对发电机励磁进行连续监视和调节，不允许在手动方式下长期运行。

（8）当任一台功率柜故障后，其他功率柜将承担其工作电流。两台功率柜故障后，励磁电流限制器设定值将自动减少，不能进行强励。如果三台功率柜故障则自动切断励磁。

（9）励磁系统投入前，发电机转速应达到或接近额定转速。

（10）运行中严禁打开功率柜门。

第二节　直流系统的运行与维护

一、直流系统蓄电池的作用及组成

（一）直流系统的作用

直流系统是发电厂用电中重要的组成部分，它应保证在任何事故情况下都能不间断地向其用电设备供电。发电厂的直流系统，主要用于对开关电器的远距离操作、信号设备、继电保护、自动装置及其他一些重要的直流负荷（如事故油泵、事故照明和不停电电源等）的供电。

在发电厂直流系统中，采用蓄电池组作为直流电源。蓄电池组是一种独立可靠的电源，它在发电厂内发生事故，甚至在全厂交流电源都停电的情况下，仍能保证直流系统中的用电设备可靠而连续地工作。

直流系统主要由蓄电池组和充电设备组成。

（二）蓄电池构造和工作原理

蓄电池是一种独立可靠的直流电源。尽管蓄电池投资大，寿命短，且需要很多的辅助设备（如充电和浮充电设备，保暖、通风、防酸建筑等），建造时间长，运行维护复杂，但由于它具有独立而可靠的特点，因而在发电厂和变电站内发生任何事故，即使在交流电源全部停电的情况下，也能保证直流系统的用电设备可靠地工作。另外，不论如何复杂的继电保护装置、自动装置或任何形式的断路器，在其进行远距离操作时，均可用蓄电池的直流电作为操作电源。因此，蓄电池组在发电厂中不仅是操作电源，也是事故照明和一些直流自用机械的备用电源。

蓄电池是储存直流电能的一种设备。它能把电能转变为化学能储存起来（充电），使用时再把化学能转变为电能（放电），供给直流负荷。这种能量的变换过程是可逆的，也就是说，当蓄电池在部分放电或完全放电后，两级表面形成了新的化合物，这时如果用适当的反向电流通入蓄电池，就可使已形成的新化合物还原成原来的活性物质，供下次放电之用。在放电时，电流流出的电极称为正极或阳极，以"+"表示；电流经过外电路之后，返回电池的电极称为负极或阴极，以"-"表示。根据电极或电解液所用物质的不同，蓄电池一般分为铅酸电池和碱性电池两种。下面以铅酸蓄电池为例，对蓄电池的结构、工作原理进行介绍：

1. 铅酸电池的结构

蓄电池由极板、电解液和容器构成。极板分正极板和负极板，在正极板上的活性物质是二氧化铅，负极板上的活性物质是灰色海绵状的金属铅（铅绵），电解液是浓度为27%~37%的硫酸水溶液（稀硫酸），其比例在15℃时为1：21，放电时比重稍微下降。

正极板采用表面式的铅板，在铅板表面上有许多肋片，这样可以增大极板与电解液的接触面积，以减少内电阻和增大单位体积的蓄电容量。负极板采用匣式的铅板，匣式铅板中间有较大的栅格，两边用有孔的薄铅皮加以封盖，以防止多孔性物质（铅绵）的脱落。匣中充以参加电化学反应的活性材料，即将铅粉及稀硫酸等物质调制成糨糊状混合物，涂填在铅质栅格的骨架上。极板在工厂经加工处理后，正极板的有效物质为深棕色二氧化铅，负极板中的有效物质是淡灰色绵状金属铅。正、负极板之间用多孔性隔板隔开，以使极板之间保持一定距离。

电解液面应该比极板上边至少高出10mm，比容器上边至少低15~20mm。前者是为了防止反应不完全而使极板翘曲，后者是防止电解液沸腾时从容器内溅出。蓄电池中负极板总比正极板多一块，使正极板的两面在工作中起的化学作用尽量相同，以防止极板发生翘曲变形。同极性的极板用铅条连接成一组，此铅条焊接在极板的突出部分，并用耳柄挂在容器的边缘上。

为了防止在工作过程中有效物质脱落到底部沉积，造成正、负极板短路，所以极板下边与容器底部应留有足够距离。容器上面盖以玻璃板，以防灰尘侵入和充电时电解液溅出。

2. 蓄电池的工作原理

（1）蓄电池的放电

把正、负极板互不接触而浸入容器的电解液中，在容器外用导线和灯泡把两种极板连接起来，此时灯泡亮，表示二氧化铅板和铅板都与电解液中的硫酸发生了化学变化，使两种极板之间产生了电动势（电压），在导线中有电流流过，即化学能变成了使灯泡发光的电能。这种由于化学反应而输出电流的过程称为蓄电池放电。放电时正负极板的活性物质都与硫酸发生了化学反应，生成硫酸铅（SO_4^{2-}）。当两极板上大部分活性物质都变成了硫酸铅后，蓄电池的端电压就下降。当端电压降到1.75~1.8V以后，放电不宜继续下去，此时两极板间的电压称为终止放电电压。

在整个放电过程中，蓄电池中的硫酸逐渐减少而形成水，硫酸的浓度减少，电解液比重降低，蓄电池内阻增大，电动势下降，端电压也随之减少，此时，正极板为浅褐色，负极板为深灰色。

必须注意，在正常使用情况下，蓄电池不宜过度放电，因为在化学反应中生成的硫酸铅小晶块在过度放电后将结成体积较大的大晶块，晶块分布不均匀时，就会使极板发生不能恢复的翘曲，同时还增大了极板的电阻。放电时产生的硫酸铅大晶块很难还原，妨碍充电过程的进行。

（2）蓄电池的充电

如果把外电路中的灯泡换成直流电源，即直流发电机或硅整流设备，并且把正极板接外电源的正极，负极板接外电源的负极。当外接电源的端电压高于蓄电池的电势时，外接电源的电流就会流入蓄电池，电流的方向刚好与放电时的电流方向相反，于是在蓄电池内就产生了与上述相反的化学反应，就是说，硫酸从极板中析出，正极板又转化为二氧化铅，负极板则转化为纯铅，而电解液中硫酸增多，水减少。经过这种转化，蓄电池两极之间的电动势又恢复了，蓄电池又具备了放电条件。这时，外接电源的电能充进了蓄电池变成化学能而储存了起来，这种过程称为蓄电池的充电。

充电过程使硫酸铅小晶块分别还原为二氧化铅（正极板）和铅绵（负极板），极板上的硫酸铅消失。由于充电反应逐渐深入到极板活性物质内部，硫酸浓度就增加，水分减少，溶液的密度增大，内阻减少，电势增大，端电压随之上升。

当充电电压上升到大约2.3V时，极板上开始有气体析出：正极板上逸出氧气，负极板上逸出氢气，造成强烈的冒气现象，这种现象称为蓄电池的沸腾。沸腾的原因是负极板上硫酸铅已经很少了，化学反应逐渐转变为水的电解。上述两种反应同时进行时，需要消耗更多的能量、蒸馏水和电力，因此，为了维持恒定的充电电流，应逐渐提高外加电源的电压。

为了减少能量耗损，防止极板活性物质脱落损失，因此在充电终期时，充电电流不宜过大，在有气体放出时应减少充电电流。在充电终期时，正、负极的颜色由暗淡变为鲜明，蓄电池产生强烈的气泡，当蓄电池端电压在 2.5~2.7V 并持续 1h 不变，即认为充电已完成。

（3）蓄电池自放电现象

由于电解液中所含金属杂质沉淀在负极板上，以及极板本身活性物质中也含有金属杂质，因此，在负极板上容易形成局部的短路，形成了蓄电池的自放电现象。通常在一昼夜内，铅蓄电池由于自放电，将使其容量减少 0.5%~1%。自放电耗损也随着电解液的温度、比重和使用时间的增长而增加。

（4）蓄电池的电动势和容量

蓄电池电动势的大小与蓄电池极板上活性物质的电化性质和电解液的浓度有关，与极板的大小无关。当电极上活性物质已固定后，铅蓄电池的电动势主要由电解液的浓度决定。

电动势与电解液的温度有关。当温度变化时，电解液的黏度会改变，黏度的改变会影响电解液的扩散，从而影响放电时的电动势，因而引起蓄电池容量的变化。运行中蓄电池室的温度以保持在 10℃~20℃为宜，因为电解液在此温度范围内变化较小，对电势影响甚微，可忽略不计。蓄电池在运行中，不允许电解液的温度超过 35℃。

蓄电池的容量就是蓄电池的蓄电能力。通常以充满电的蓄电池在放电期间端电压降低 10% 时的放电电量来表示。一般以 10h 放电容量作为蓄电池的额定容量。当蓄电池以恒定电流值放电时，其容量等于放电电流和放电时间的乘积。

蓄电池在使用过程中，其容量主要受放电率和电解液温度的影响。

放电率对蓄电池容量的影响。蓄电池每小时的放电电流称作放电率。蓄电池容量的大小随放电率的大小而变化，一般放电率越高，则容量越小，因蓄电池放电电流大时，极板上的活性物质与周围的硫酸迅速反应，生成晶粒较大的硫酸铅，硫酸铅晶粒易堵塞极板的细孔，使硫酸扩散到细孔深处更为困难。细孔深处的硫酸浓度降低，活性物质参加化学反应的机会减少，电解液电阻增大，电压下降很快，电池不能放出全部能量，所以，蓄电池的容量较小。放电率越低，则容量越大，因蓄电池放电电流小时，极板上活性物质细孔内电解液的浓度与容器周围电解液的浓度相差较小，且外层硫酸铅形成得较慢，生成的晶粒也小，硫酸容易扩散到细孔深处，使细孔深处的活性物质都参加化学反应，所以，电池的容量就大。

电解液温度对蓄电池容量的影响。电解液温度愈高，稀硫酸黏度越低，运动速度越大，渗透力越强，因此电阻减小，扩散程度增大，电化学反应增强，从而使电池容量增大。当电解液温度下降时，渗透减弱，电阻增大，扩散程度降低，电化学反应滞缓，从而使电池容量减小。

（三）蓄电池运行方式

蓄电池的运行方式有两种：充电——放电方式与浮充电方式。电厂的蓄电池组，普遍采用浮充电方式。

1. 充电——放电方式运行特点

所谓蓄电池组的充放电方式运行，就是对蓄电池组进行周期性的充电和放电，当蓄电池组充足电以后，就与充电装置断开，由蓄电池组向经常性的直流负荷供电，并在电厂用电事故停电时，向事故照明和直流电动机等负荷供电。为了保证在任何时刻都不会失去直流电源，通常当蓄电池放电到约为 60%~70% 额定容量时，即开始进行充电，周而复始。

按充放电方式运行的蓄电池组，必须周期地、频繁地进行充电。在经常性负荷下，一般每隔 24h 就需充电一次，充至额定容量。充电末期，每个蓄电池的电压可达 2.7~2.75V，蓄电池组的总电压（直流系统母线电压）可能会超过用电设备的允许值，母线电压起伏很大。

为了保持母线电压，常需要增设端电池。这些都可能是这种运行方式不被电厂普遍采用的主要原因。

2. 浮充电方式运行特点

所谓蓄电池组的浮充电方式，就是充电器经常与蓄电池组并列运行，充电器除供给经常性直流负荷外，还以较小的电流——浮充电电流向蓄电池组充电，以补偿蓄电池的自放电损耗，使蓄电池经常处于完全充足的状态；当出现短时大负荷时（例如当断路器合闸、许多断路器同时跳闸、直流电动机、直流事故照明等），则主要由蓄电池组供电，而硅整流充电器，由于其自身的限流特性，一般只能提供略大于其额定输出的电流值。

当浮充电器的交流电源消失时，便停止工作，所有直流负荷完全由蓄电池组供电。浮充电电流的大小，取决于蓄电池的自放电率，浮充电的结果，应刚好补偿蓄电池的自放电。如果浮充电的电流过小，则蓄电池的自放电就可能长期得不到足够的补偿，将导致极板硫化（极板有效物质失效）。相反，如果浮充电电流过大，蓄电池就会长期过充电，引起极板有效物质脱落，缩短电池的使用寿命，同时还多余地消耗了电能。

浮充电电流值，依蓄电池类型和型号而不同，一般为（0.1~0.2）NC/100（A），其中 NC 为该型号蓄电池的额定容量（单位为 Ah）。旧蓄电池的浮充电电源要比新蓄电池大 2~3 倍。

为了便于掌握蓄电池的浮充电状态，通常以测量单个蓄电池的端电压来判断。如对于铅酸蓄电池，若其单个的电压在 2.15~2.2V，则为正常浮充电状态；若其单个的电压在 2.25V 及以上，则为过充电；若其单个的电压在 2.1V 以下，则为放电状态。因此，为了保证蓄电池经常处于完好状态，实际中的浮充电，常采用恒压充电的方式。标准蓄电池的浮充电电压规定如下：

（1）每个铅酸蓄电池（电解液密度为 1.215g/cm），其浮充电电压一般取 2.15~2.17V。

（2）每个中倍率镉镍蓄电池，其浮充电电压一般取 1.42~1.45V。

（3）每个高倍率镉镍蓄电池，其浮充电电压一般取 1.35~1.39V。

按浮充电方式运行的有端电池的蓄电池组，参与浮充电运行的蓄电池的只数应该固定，运行人员用监视直流母线的电压为恒定，调节浮充电机的输出，而不应该用改变端电池的分头方式去调节母线电压。

按浮充电方式运行的蓄电池组，每 2~3 个月，应进行一次均衡充电，以保持极板有效物质的活性。

3. 蓄电池均衡充电

均衡充电是对蓄电池的一种特殊充电方式。在蓄电池长期使用期间，可能由于充电装置调整不合理、表盘电压表读数偏高等原因，造成蓄电池组欠充电；也可能由于各个蓄电池的自放电率不同和电解液密度有差别，使它们的内阻和端电压不一致，这些都将影响蓄电池的寿命。为此，必须进行均衡充电（也称过充电），使全部蓄电池恢复到完全充电状态。

均衡充电，通常也采用恒压充电，就是用较正常浮充电电压更高的电压进行充电。充电的持续时间与采用的均衡充电电压有关，对标准蓄电池，均衡充电电压的一般范围是：

（1）每个铅酸蓄电池，一般取 2.25~2.35V，最高不超过 2.4V。

（2）每个中倍率镉镍蓄电池，一般取 1.52~1.55V。

（3）每个高倍率镉镍蓄电池，一般取 1.47~1.50V。

均衡充电一次的持续时间，既与均充电压大小有关，也与蓄电池的类型有关。

按浮充电方式运行的铅酸蓄电池，一般每季进行一次均衡充电。当每个蓄电池均衡充电电压为 2.26V 时，充电时间约为 48h；当均衡充电电压为 2.3V/ 个时，充电时间约为 24h；当均衡充电电压为 2.4V/ 个时，充电时间为 8~10h。

以浮充电方式运行的蓄电池组，每一次均衡充电前，应将浮充电机停用 10min，让蓄电池充分地放电，然后再自动地加上均衡充电电压。

有端电池的蓄电池组，均衡充电开始前，应该先停用浮充电机，再逐步升高端电池的分头，调节母线电压保持恒定，直到端电池的分头升到最大时，重新开启浮充电机，以均衡充电电压进行充电。均衡充电开始后，逐步降低端电池的分头，调节母线电压保持恒定，直到端电池的分头降到最低时，停用浮充电机，均衡充电结束。然后再逐步升高端电池的分头，调节母线电压保持恒定，直到端电池的分头升到原先浮充电方式的分头位置时，开启浮充电机，恢复浮充电方式，再以直流母线电压为恒定，调节浮充电机的输出。这种操作方式，可以使包括所有端电池在内的全部蓄电池都进行一次均衡充电。

二、直流系统的运行

设备在运行中，运行人员每天要检测系统上各装置（高频开关电源模块、微机控制单元、绝缘检测装置、电池巡检装置等）显示参数，包括系统交直流电压、电流等。

定期检查系统上的各个装置的参数定值是否正常；检测各馈出开关是否在正常位置，熔断器是否工作正常；对于一个站使用两套或以上的充电装置，每天要巡视各母联开关位置是否正常；一般情况下，一组电池配备一套充电机；定期对蓄电池进行外观检测，检查连接螺钉有无松动；定期检查各组蓄电池浮充电流值；定期检查蓄电池端电压和环境温度等。

（一）蓄电池的巡回检查

（1）蓄电池室通风、照明及消防设备完好，温度符合要求，无易燃、易爆物品。

（2）蓄电池组外观清洁，无短路、接地现象。

（3）各连片连接牢靠、无松动，端子无生盐现象，并涂有中性凡士林。

（4）蓄电池外壳无裂纹、漏液，呼吸器无堵塞，密封良好，电解液液面高度在合格范围。

（5）蓄电池极板无龟裂、弯曲、变形、硫化和短路，极板颜色正常，无欠充电、过充电，电解液温度不超过 35℃。

（6）典型蓄电池电压、密度在合格范围内。

（7）电装置交流输入电压、直流输出电压、电流正常，表计指示正确，保护的声、光信号正常，运行声音无异常。

（8）直流控制母线、动力母线电压值在规定范围内，浮充电流值符合规定。

（9）直流系统的绝缘状况良好。

（10）各支路的运行监视信号完好、指示正常，熔断器无熔断，自动空气开关位置正确。

（二）特殊巡视检查项目

（1）安装、检修、改造后的直流系统投运后，应进行特殊巡视。

（2）蓄电池核对性充放电期间应进行特殊巡视。

（3）直流系统出现交、直流失压，直流接地，熔断器熔断等异常现象处理后应进行特殊巡视。

（4）出现自动空气开关脱扣、熔断器熔断等异常现象后，应巡视保护范围内各直流回路元件有无过热、损坏和明显故障现象。

三、直流系统的维护

定期清扫保持设备整洁，定期测试，最好一年一次；进行各装置参数实际值的测量，装置显示值误差调整，定期检查各个装置参数设置值；单模块输出电压调整校准；各个装置报警功能试验，同时检测各个硬接点输出是否正常。具体实验如下：

（1）输出电压调节范围，进入参数设置屏，将浮充电压设置为电压下限，均充电压设置为电压上限。在浮充状态，充电机输出电压将自动调到输出电压下限，在均充状态，充电机输出电压将自动调到输出电压上限。

（2）输出限流试验，进入参数设置屏，按要求设置好参数。用假负载或蓄电池组放电后，在均充状态下进行试验，充电机输出电流应限制在设置值。

（3）告警功能调试。

①充电机无输出：拉开所有电源模块，监控器由蓄电池组供电，监控器应告警充电机无输出。

②交流输入过欠电压：拉开交流输入开关，监控器由蓄电池组供电，监控器应告警充电机无输出和交流输入欠电压。

③母线过欠电压：设置母线过欠电压告警值，使其在充电机输出电压调节范围内，在浮充或均充状态相互切换下，看告警是否正确。

④接地告警：用 $2\sim5k\Omega$ 电阻分别将正或负母线接地，看接地告警是否正确。

⑤空气开关脱扣告警：人为使某路开关脱扣，监控器应告警空气开关脱扣。

⑥熔断器熔断告警：人为按下熔丝熔断微动开关，监控器应告警空气开关脱扣。

（4）其他试验。包括微机监控单元自动控制功能试验；绝缘检测模拟接地告警试验；如果系统具有该项功能，电池巡检仪应该单只电压校准检查；降压装置手动、自动试验；监控装置手动均浮充转换试验；电池的定期充放电实验。

四、直流系统常见故障及原因

（一）交流过、欠电压故障

（1）确认交流输入是否正常。

（2）检查交流输入是否正常，检查空气开关或交流接触器是否在正常运行位置。

（3）检查交流采样板上采样变压器和压敏电阻是否损坏。

（4）其他原因。

（二）空气开关脱扣故障

首先检查直流馈出空气开关是否在合闸的位置而信号灯不亮，若在合闸位置则确认此开关是否脱扣。

（三）熔断器熔断故障

（1）检查蓄电池组正负极熔断器是否熔断。

（2）检查熔断信号继电器是否有问题。

（四）母线过、欠电压

（1）用万用表测量母线电压是否正常。

（2）检查充电参数及告警参数设置是否正确。

（五）母线接地

（1）先看微机控制器正对地或负对地电压和控母对地电压是否平衡。如果是正极或负极对地电压接近于零，一定是负母线接地。

（2）采用高阻抗的万用表实际测量母线对地电压判断有无接地。

（3）如果系统配置独立的绝缘检测装置可以直接从该装置上查看。

（六）模块故障

（1）确认电源模块是否有黄灯亮。

（2）电源模块红灯亮表示交流输入过、欠电压，或直流输出过、欠电压，或电源模块过热等故障，因此，首先检查交流输入及直流输出电压是否在允许范围内，检查模块是否过热。

（3）当电源模块输出过压时将关断电源输出，只能关机后再开机恢复。当确认外部都正常时，关告警电源模块后再开电源模块，看电源模块红灯是否还亮，若还亮则表示模块有故障。

（七）绝缘检测装置故障

检查该装置工作电源是否正常。

（八）绝缘检测报母线过、欠电压

首先检测母线电源是否在正常范围内，查看装置显示的电压值是否同实际不一样，以上都正常则可能装置内部有器件出现故障，需要厂家修理。

（九）绝缘检测装置报接地

首先看故障记录，确认支路发生正接地还是负接地，其电阻值是多少，然后将故障支路接地排除。

（十）电池巡检仪报单个电池电压过、欠电压

首先查看故障记录，确认哪几个电池电压不正常，然后查看该电池的保险和连线有无接触不良。

（十一）蓄电池充电电流不限流

（1）首先确认系统是否在均充状态。

（2）其次，充电机输出电压是否已达到均充电压。若输出电压已达到均充电压则系统处在恒压充电状态，不会限流。

（3）检查模块同监控之间的接线是否可靠连接。

五、蓄电池和直流故障处理

（一）防酸蓄电池故障及处理

（1）防酸蓄电池内部极板短路或开路，应更换蓄电池。

（2）防酸蓄电池底部沉淀物过多，用吸管清除沉淀物，并补充配置标准的电解液。

（3）防酸蓄电池极板弯曲、龟裂、变形，若经核对性充放电容量仍然达不到80%，此蓄电池应更换。

（4）防酸蓄电池绝缘电阻降低。当绝缘电阻值低于现场规定时，将会发出接地信号。且正对地或负对地均能测到电压时，应对蓄电池外壳和绝缘支架用酒精擦拭，改善蓄电池室的通风条件，降低湿度，绝缘性能将会提高。

（二）阀控密封铅酸蓄电池故障及处理

（1）阀控密封铅酸蓄电池壳体变形，一般造成的原因有充电电流过大、充电电压超过了2.4VXN、内部有短路或局部放电、温升超标、安全阀动作失灵等。处理方法是减小充电电流，降低充电电压，检查安全阀是否堵死。

（2）运行中浮充电压正常，但一放电，电压很快下降到终止电压值，一般原因是蓄电池内部失水干涸、电解物质变质。处理方法是更换蓄电池。

（三）直流系统接地处理

220V直流系统两极对地电压绝对值差超过50V或绝缘电阻降低到25kΩ以下，24V直流系统任一极对地电压有明显变化时，应视为直流系统接地。直流系统接地后，应立即查明原因，根据接地选线装置指示或当日工作情况、天气和直流系统绝缘状况，找出接地故障点，并尽快消除。

使用选线法查找直流接地时，至少应由两人进行，断开直流时间不得超过3s。选线检查选容易接地的回路，依次断开闭合事故照明、防误闭锁装置回路、户外合闸回路、户内合闸回路、6kV和10kV控制回路、其他控制回路、主控制室信号回路、主控制

室控制回路、整流装置和蓄电池回路。

蓄电池组熔断器熔断后，应立即检查处理，并采取相应措施，防止直流母线失电。当直流充电装置内部故障跳闸时，应及时启动备用充电装置代替故障充电装置运行，并调整好运行参数。

直流电源系统设备发生短路、交流或直流失压时，应迅速查明原因，消除故障，投入备用设备或采取其他措施尽快使直流系统正常运行。

蓄电池组发生爆炸、开路时，应迅速将蓄电池总熔断器或空气断路器断开，投入备用设备或采取其他措施及时处理故障，恢复正常运行方式。如无备用蓄电池组，在事故处理期间只能利用充电装置带直流系统负荷运行，且充电装置不满足断路器合闸容量要求时，应临时断开合闸回路电源，待事故处理后及时恢复其运行。

（四）直流电源系统检修与故障和事故处理的安全要求

（1）进入蓄电池室前，必须开启通风。

（2）在直流电源设备和回路上的一切有关作业，应遵守《国家电网公司电力安全工作规程变电部分》中的相关规定。

（3）在整流装置发生故障时，应严格按照制造厂的要求操作，以防造成设备损坏。

（4）处理直流接地时工作人员应戴线手套、穿长袖工作服。应使用内阻大于 $2000\Omega/V$ 的高内阻电压表，工具应绝缘良好。防止在查找和处理过程中造成新的接地。

（5）检查和更换蓄电池时，必须注意核对极性，防止发生直流失压、短路、接地。工作时工作人员应戴耐酸、耐碱手套，穿着必要的防护服等。

第三节　防雷保护与接地装置运行

防雷。电气设备在日常运行中，常常会遭受各种类型的雷击，防雷装置是必不可少的安全装置。使电气设备免遭雷击的装置，称为防雷装置。防雷装置的工作原理就是，设法将各种类型的雷击引向防雷装置自身，并通过接地装置将高电压、大电流的雷电波引入大地，从而使被保护的电气设备免遭雷击。或者将高电压、大电流的雷电波在入侵电气设备前，通过防雷装置及其附属的接地装置引入大地，使被保护的电气设备免遭雷电波入侵。

接地。所谓接地，就是把设备的某一部分通过接地装置同大地紧密良好的连接在一起，与大地保持等电位。它是由接地装置来实现的。埋设在地下并直接与大地接触的金属导体，称为接地体。将电气设备的接地部分与接地体连接起来的金属导体称为接地线。由接地线、接地体连接起来而形成的网，称为接地网。接地线、接地体和接地网统称为接地装置。

防雷装置必须与接地装置配合使用方能起到防雷的作用。

一、雷电破坏形式

雷电破坏有三种基本形式：直击雷、感应雷和雷电侵入波。

（一）直击雷

雷电直接击中建筑物或其他物体，对其放电。强大的雷电流通过这些物体入地，产生破坏性很大的热效应和机械效应，造成建筑物及其他被击中的物体损坏，当击中人畜时会造成人畜伤亡。

（二）感应雷

雷电放电时能量很强，电压可达上百万伏，电流可达数万安培。强大的雷电流由于静电感应和电磁感应会使周围的物体产生危险的过电压，造成设备损坏，人畜伤亡。

（三）雷电侵入波

输电线路上遭受直击雷或发生感应雷，雷电波便沿着输电线侵入变、配电站或用户。对强大的高电位雷电波如不采取防范措施，将造成变、配电站及用户电气设备遭受雷击，甚至造成人员伤亡事故。

二、防雷装置

由于雷击电力系统或雷电感应而引起的过电压，称为大气过电压，也叫外部过电压。大气过电压的幅值，取决于雷电参数和防雷措施，与电网的额定电压没有直接关系，大气过电压对电气设备的绝缘威胁很大。为了保证电力系统安全经济运行，必须有一定的防雷保护措施。为了对大气过电压采取合理的防护措施，必须了解雷电放电的发展过程，掌握雷电的有关参数。

电力系统的导线或其他电气设备遭受到雷直击时，被击物将有很大的雷电流过，造成过电压，这时的过电压称为直击雷过电压。雷没有直接击中电力系统中的导线或其他电气设备，但由于雷电放电，电磁场剧烈改变，电力系统的导线或电气设备将感应出过电压，这种过电压称为感应雷过电压。

直击雷过电压和感应雷过电压均要采用防雷装置来防护。防雷装置不管形式如何多样，其主要是由引雷部分、接地引下线和接地体三部分组成。根据预防对象的不同可分为下列几类：

（1）避雷针，主要用于保护建筑物或户外电气设备（例如户外安装的变压器、配电装置等）免遭直击雷的雷击。

（2）避雷线，又称为架空地线，主要用于保护输电线路免遭直击雷的雷击。

（3）避雷网和避雷带，主要用于保护建筑物免遭直击雷的雷击。建筑物的屋角、屋檐等突出部位都应装设避雷带。

（4）避雷器，主要用于保护电气设备免遭雷电波的入侵。避雷器主要有阀型避雷器、管型避雷器和金属氧化物避雷器等种类。

（5）保护间隙，某些要求不高的情况下可以用保护间隙代替避雷器。

此外，感应雷也会严重威胁建筑物的安全和电力系统的正常运行。预防感应雷的主要措施是：将建筑物内的金属设备、金属管道及结构钢筋等接地。

（一）避雷针

为了防止设备遭受直接雷击，通常采用避雷针或避雷线。避雷针（线）高于被保护设备，其作用是将雷电吸引到避雷针本身，将雷电流引入大地，从而保护设备免遭雷击。

避雷针一般用于保护发电厂和变电站。避雷针由接闪器（避雷针顶端 1~2m 长的镀锌钢管或焊接钢管）、支撑构架（水泥杆、钢结构支柱、门形构架、建筑物顶部）、引下线（经过防腐处理的圆钢或扁钢）和接地体（埋入地下的各种型钢，包括钢管、角钢、扁钢和圆钢）等部分组成。

单支避雷针的保护范围像一个由它支撑的"帐篷"。当避雷针的高度为 h 时，从针顶向下作 45° 的斜线，在距地面 h/2 处转折，再与地面上距针底 1.5h 处相连，即构成了保护空间帐篷的外缘。

（二）避雷线

避雷线（又称架空地线）是 35kV 及以上输电线路的主要防雷措施，一般沿线路全长架设，不仅保护线路本身，也减少了雷电波侵入对发电厂和变电所的危害。发电厂应采取措施减少周围雷击危害，35~110kV 出线未沿全线架设避雷线的，应在出线始端 1~2km 内架设避雷线（进线保护段）。进线保护段可以使从线路上侵入发电厂、变电所的雷电波幅值和陡度大为降低。在雷雨季节，如果线路进线开关经常断开运行，则应在靠近开关的线路侧装设一组避雷器来保护开关本身的绝缘。

在水电站中，避雷线主要用来保护主变压器高压引出线（当主变压器与户外高压配电装置相距较远时）免遭直接雷击。对于特殊地形条件的发电厂，如峡谷地区的电厂，在两侧山头上埋桩架设避雷线很方便，也可以采用避雷线作为建筑物和配电装置的直击雷保护装置。避雷线的接闪器为悬挂在被保护物上方的接地导线（架空地线），一般采用截面不小于 35mm² 镀锌钢绞线。接地引下线则采用截面不小于 25mm² 镀锌钢绞线。

（三）避雷器

避雷器实质上是一种放电器，其一端接某一相带电导体，另一端接地。正常运行时，避雷器的电阻呈无限大状态，不会对地短路；当雷电侵入波沿线路进入发电厂或变电所时，避雷器的电阻自动变得很小，使巨大的雷电冲击电流顺利入地，此时避雷器两端电压（称为残压）并不高，不会危及被保护设备的绝缘。冲击大电流过后，由线路正常工作电压驱动的电流（称为工频续流）瞬时经过避雷器入地。这时避雷器自动恢复无限大电阻的状态，电力系统又恢复了正常运行。避雷器与其所保护对象必须用伏秒特性来互相配合，才能达到预期效果。所谓伏秒特性就是避雷器或设备绝缘材料在一定电压波形作用下，击穿电压的峰值与击穿延迟时间的关系曲线（由于放电的分散性，曲线变成带状）。

对电气设备最危险的是谐振过电压。在绝缘配合中并不考虑谐振过电压，否则代价太高了，应在系统设计和运行中避免和消除产生谐振的条件。

避雷器冲击放电电压与工频放电电压（峰值）之比，称为避雷器的冲击系数。冲击系数越小，伏秒特性越平缓，越容易与被保护设备配合好。常见的避雷器有保护间隙、管型避雷器、阀型避雷器及金属氧化锌避雷器。目前主要用到的避雷器多为金属氧化锌避雷器。

三、水电站的防雷保护

雷害主要有直击雷过电压、感应雷过电压和侵入波过电压。

为了防止直击雷，常用避雷针保护电气设备，使所有被保护设备和构架处于避雷针的保护范围之内。先根据防止反击的要求（避雷针与被保护设备或构架之间的空气间隙被击穿称为反击），决定避雷针的安装位置，以此决定避雷针和被保护设备的水平距离，然后根据已定的水平距离和被保护设备的高度反算决定避雷针的高度。

水电站主厂房、主控制室和配电装置一般不装设直击雷保护装置，金属屋顶结构直接接地或非金属屋顶结构布设避雷带。屋外配电装置，油处理室、露天油罐、主变压器修理间、易燃材料仓库等应用避雷针保护，35kV 及以下配电装置绝缘水平低，故其构架或房顶不宜装避雷针，变压器门型构架上也不应装设避雷针、避雷线。

为了防止避雷针与被保护设备或构架之间的空气间隙被击穿而造成反击事故，要求空气间隙大于一定距离，一般不应小于 5m；为防止避雷针与被保护设备接地装置间在土壤中的间隙被击穿，一般该间隙不小于 3m。

独立避雷针宜设独立的接地装置。独立避雷针不应设在经常通行的地方，距道路不应小于 3m。

为防止感应雷过电压对电气设备的危害，水电站一般采取将各种配电装置尽量远离独立避雷针或较高建筑物、降低接地电阻值等措施来防护。

为降低雷电侵入波过电压对水电站电气设备的危害，首先可在母线上装设避雷器，以限制侵入波过电压的幅值，但阀型避雷器的流通容量较小。因此，35kV 及以上线路采取进线段装设 1~2km 的避雷线的保护措施，将由输电线路侵入到水电站的雷电波限制到允许的范围内，避免引起避雷器的损坏或爆炸。实际工程中 35kV 线路终端杆通过电缆进入电站 35kV 开关室的母线，在电缆两端即终端杆和母线上需分别装设避雷器。

三绕组变压器低压绕组对地电容较小。若低压绕组开路运行时高压或中压绕组有雷电波入侵，则开路的低压绕组上静电感应分量可达到很高的数值，将危及低压绕组绝缘。为限制这种过电压，只要在低压绕组任一相的直接出口处加装一组避雷器即可。中压绕组也有开路运行的可能，但其绝缘水平较高，一般不装避雷器。分级绝缘（中性点绝缘水平低于相线端）的变压器需要在中性点加装避雷器以保护中性点绝缘。

此外，6~10kV 开关柜断路器旁需并联避雷器以防过电压。

四、接地装置

（一）接地范围及接地方式

1. 接地方式

接地方式主要有三种。

（1）工作接地

工作接地是指为了保证电气设备在系统正常运行或发生事故情况下能可靠工作而进行的接地。例如，380/220V 低压配电网络中的配电变压器中性点接地就是工作接地，这种配电变压器假如中性点不接地，那当配电系统中一相导线断线，其他两相导线电压就会升高 $\sqrt{3}$ 倍，即 220V 升高为 380V，这样就会损坏用电设备。还有双极直流输电系统的中点接地也是工作接地。工作接地要求的接地电阻一般为不大于 4Ω。

（2）保护接地

保护接地是指为了保证人身安全和设备安全，将电气设备在正常运行时不带电的金属外壳、配电装置的构架和线路杆塔等加以接地。这样可防止电气设备绝缘损坏或其他原因使外壳等金属部分带电时发生人身触电事故。另外，电流互感器、电压互感器二次绕组接地也属于保护接地，万一高压窜到低压就构成接地短路，使高压断路器跳闸，这样可避免二次设备损坏和发生人身伤亡事故。高压设备保护接地要求的接地电阻为不大于 1Ω。

（3）防雷接地

针对防雷保护的需要而设置的接地，例如，杆塔的接地、避雷装置的接地等，目的是将雷电流安全地导入大地，并减少雷电流通过接地装置时的对地电位升高。架空输电线路杆塔的接地电阻一般不超过 10~300Ω，避雷器的接地电阻一般不大于 10Ω。

2.电气装置必须接地的范围

除防雷装置接地和工作接地外，电压在 1kV 及以上的电气装置在各种情况下均应采取保护接地。电压在 1kV 以下的电气装置，若中性点直接接地，应采取保护接零；若中性点不直接接地，则应采取保护接地。下列电气设备的金属外壳必须接地或接零：

（1）各种电气设备的外壳。

（2）电流互感器、电压互感器的二次线圈。

（3）开关柜、配电屏、动力箱和控制屏等各种电气屏、柜、箱的外壳及基础。

（4）屋外配电装置的金属架构以及靠近带电部分的金属围栏和金属门。

（5）电缆接线盒、终端盒的外壳和电缆的外皮、电缆（电线）的金属保护管。

（6）装有避雷线的电力线路杆塔。

（7）安装在配电线路杆塔上的开关设备、电容器等电力设备。

（二）接地装置

无论是工作接地还是保护接地，都是经过接地装置与大地连接。接地是由接地装置实现的，接地装置包括接地体与接地线（用来连接接地体和接地设备间的金属连接线）。

接地体是埋设于地下的金属导体（直接与土壤接触的金属导体或钢筋混凝土基础内的钢筋），人工接地体一般埋于地表面下 0.5~1m 处。接地体的作用是降低接地电阻，接地体分为自然接地体和人工接地体，用作自然接地体的通常为建筑物钢筋混凝土结构内的钢筋，应充分利用自然接地体，用作人工接地体的有钢管、角钢、扁钢和圆钢等，分垂直安装与水平安装两种方式。水平人工接地体多用宽度为 20~40mm、厚度不小于 4mm 的扁钢，或者用直径不小于 6mm 的圆钢；垂直人工接地体多用角钢（20mm×20mm×3mm~50mm×50mm×5mm）或钢管，长度约为 2.5m。在自然接地体其接地电阻不满足要求的情况下，应加装人工接地体或采取相关降阻措施，直至接地电阻满足要求。

接地装置的接地电阻，是工频电流从接地体向大地散流时，土壤呈现的电阻和接地线上的电阻的总和，一般可不考虑接地线和接地体（电阻很小），故接地电阻即为电流在土壤中的散流电阻，其数值与大地的结构和电阻率直接有关，还与接地体的形状和几何尺寸有关。

在接地装置的设计和施工中，应使接触电位差和跨步电位差在允许值内，以保证工作人员的安全。

（三）水电站的接地装置

避雷针的接地一般采用独立的接地体构成环状。避雷器的接地以及其他接地系统的接地和变压器、低压发电机的中性点接地一般都接入总接地网。

水电站的接地装置，除了利用自然接地体外，敷设以水平接地体为主的人工环形接地网，将站内的设备与接地体相连，同时使站内的地表电位分布均匀，接地网面积大体与水电站的面积相同。

人工环形接地网的外缘应闭合，外缘各角应做成圆弧形，圆弧的半径不宜小于均压带间距的一半，接地网内应敷设水平均压带。接地网的埋设深度不宜小于 0.6m，有条件的埋设在 1m 以下。北方冻土区应埋设在冻土层以下。

接地网可采用长孔网或方孔网。方孔网的均压效果较好。接地网的均压带可根据电站的具体结构采用等距或不等距布置。

1. 接地电阻的测量

接地电阻值满足规定要求才能安全地起到接地作用，因此需测量接地电阻值。测量接地电阻的方法很多，目前用得最普遍的是用接地电阻测量仪测量。其内部主要元件是手摇发电机、电流互感器、可变电阻及零指示器等。另外附有接地探测针两支（电位探测针、电流探测针）、导线三根，其中 5m 长一根用于接地极，20m 长一根用于电位探测针。

2. 降低接地电阻的措施

接地电阻中流散电阻大小与土壤电阻率有直接关系。土壤电阻率越低，流散电阻也就越小，接地电阻就越小。遇到电阻率较高的土壤，如砂质、岩石以及长期冰冻的土壤，装设人工接地体时，要达到设计要求的接地电阻值，往往要采取措施，常用的方法有：

（1）对土壤进行混合或浸渍处理。在接地体周围土壤中适当混入一些木炭粉、炭黑等以提高土壤的导电率，或用降阻剂浸渍接地体周围土壤，对降低接地电阻也有明显效果。

（2）改换接地体周围部分土壤。将接地体周围换成电阻率较低的土壤，如黏土、黑土、木炭粉土等。

（3）增加接地体埋设深度。当碰到地表面岩石或高电阻率土壤下部就是低电阻率土壤时，可采用将接地体钻孔深埋或开挖深埋至低电阻率的土壤中。

（4）外引式接地。当接地处土壤电阻率很大而在距接地处不太远的地方有导电良好的土壤或有未冰冻的湖泊、河流时，可将接地体布置于该低电阻率地带。

五、防雷和接地装置的运行与维护

（一）防雷装置运行与维护

1. 防雷装置投入运行前的检查项目

为了保证防雷装置投入使用后，能安全可靠地工作，防雷装置在投入运行前必须经过全面的检查，具体要求如下：

（1）防雷装置的接地电阻应符合规定要求。

（2）各连接部位连接良好，无松动现象，焊接部位焊接合格。

（3）避雷器已完成各项试验并符合要求。

（4）防雷装置各组成部分应无异常。

（5）避雷器本体无裂纹、无脏污及无破损现象。

（6）控制部分动作正常。

（7）检查避雷器与被保护设备之间的电气距离是否符合要求。

说明：避雷器应尽量靠近被保护的电气设备。

2. 防雷装置运行中的检查项目及注意事项

防雷装置在运行中，要加强巡检，及时发现异常并进行处理，防止防雷装置形同虚设或防雷性能下降。具体检查项目如下：

（1）防雷装置引雷部分、接地引下线和接地体三者之间连接良好。

（2）运行中应定期测试接地电阻，接地电阻应符合规定要求。

（3）避雷器应定期做好预防性试验。

（4）避雷针、避雷线及其接地线应无机械损伤和锈蚀现象。

（5）避雷器绝缘套管应完整，表面应无裂纹、无严重污染和绝缘剥落等现象。

（6）定期抄录放电记录器所指示的避雷器的动作次数。

（7）接地部分接地应良好。

3. 防雷装置运行中的试验项目

在每年的雷雨季节来临之前，应进行一次全面的检查、维护，并进行必要的电气预防性试验。具体的试验项目（其中有关避雷器部分是以阀型避雷器为例）如下：

（1）测量接地部分的接地电阻。

（2）避雷器额定放电电流下的残压试验。

（3）避雷器工频放电电压试验。

（4）避雷器密封试验等。

4. 防雷装置异常及事故处理

（1）避雷器的引线及接地引下线有严重烧痕，或放电记录器烧坏。

原因：阀型避雷器的引线及接地引下线有严重烧痕，或放电记录器烧坏的主要原因往往是避雷器存在隐性缺陷。

因为在正常情况下，避雷器动作以后，接地引下线和放电记录器中只通过雷电流和幅值很小（一般为 80A 以下）、时间很短（约 0.01s）的工频续流，除了使放电记录器动作外，一般不会产生烧伤的痕迹。然而，当阀型避雷器内部阀片存在缺陷或不能及时灭弧时，通过的工频续流的幅值增大、时间加长。这样接地引下线的连接处会产生烧伤的痕迹，或使放电记录器内部烧坏。

危害：若发现避雷器的引线及接地引下线有严重烧痕，或放电记录器烧坏，没有引起重视并对避雷器进行相应的检查和处理，随着时间的推移，就有可能使避雷器损坏或引线连接处烧断，从而使避雷器形同虚设，起不到避雷作用。

处理方法：立即将避雷器退出运行并做好安全措施后交付检修部门处理。

（2）避雷器套管闪络或爬电。

原因：避雷器在运行时发生套管闪络或爬电的原因，主要是由于套管表面脏污使套管表面等效爬电距离下降，或者是套管有裂缝等缺陷造成的。

危害：若避雷器发生套管闪络或爬电现象，常常会引起放电记录器的误动作。闪络或爬电进一步发展，会引起电网接地故障，而且，闪络和爬电产生的热量会使套管因受热不均而炸裂，从而导致停电事故。

处理方法：若闪络或爬电是由于套管表面脏污所造成的，停电（在某些情况下也可以不停电，但要遵守"电业安全规程"及相关操作规程）后，对套管表面进行清理；若闪络或爬电是由于套管损坏（如表面开裂等）等运行人员无法处理的原因造成的，则择机将避雷器退出运行并做好安全措施后交付检修部门处理。

在进行防雷装置的异常或事故处理时，应注意以下事项：

①如果在雷雨时发现防雷装置有异常，只要防雷装置还能使用，就不能将防雷装置退出运行，应待雷雨过后再行处理。

②发现避雷器内部有异常声音或套管有炸裂现象，并引起电网接地故障时，值班人员就应避免靠近避雷器，可用断路器或人工接地转移的方法，将故障避雷器退出运行。

③阀型避雷器在运行中突然爆炸，但尚未造成电网永久性接地时，可在雷雨过后拉开故障相的隔离开关将避雷器退出运行，并及时更换合格的避雷器。

④阀型避雷器在运行中突然爆炸，并已造成电网永久性接地时，则严禁通过操作隔离开关来将避雷器退出运行。

（二）接地装置运行与维护

1. 接地装置投入运行前的检查项目

为了保证接地装置投入使用后，能安全可靠地工作，接地装置在投入运行前必须经过全面的检查，具体要求如下：

（1）接地装置的接地电阻应符合规定要求。

（2）各连接部位连接良好，无松动现象，焊接部位焊接合格。

（3）接地体应通过接地扁钢连接成环或网。

（4）接地材料的防锈漆（或热镀锌）应完好。

（5）接地体和接地线的规格符合规定。

2. 接地装置运行中的检查项目及注意事项

接地装置在运行中，要加强巡检，及时发现异常并进行处理，保证接地装置状况良好。具体检查项目如下：

（1）设备接地部分、接地连线（或接地引下线）和接地体三者之间连接良好。

（2）接地标志齐全、明显。

3. 接地装置运行中的试验项目

在每年的雷雨季节来临前，应对接地装置进行一次全面的检查维护，并测量接地电阻。

具体项目如下：

（1）测量接地电阻，接地电阻应符合规定要求。

（2）检查各接地引下线有无机械损伤及腐蚀现象。

（3）接地螺栓是否拧紧，焊接处是否牢固、无脱焊现象。

第六章　水电站的安全生产与安全管理

第一节　水电站的安全管理制度

安全是指人身安全、设备安全，同时也指运行安全、无故障、无事故。水电站的领导和职工应该深刻体会到没有安全生产就没有经济效益，更不会有发展能力和发展潜力。多年来，我国小水电企业坚持贯彻"安全第一"的方针，获得了明显的效果。通过学习大电网的管理方法，结合小水电的运行特点，总结其运行经验，也建立起了一套安全生产方面的规程、制度和方法，对电站的发展，以及电站的安全、经济运行起了重要的作用。中小型水电站除了重视运行、检修时的安全保障，还应建立安全组织机构，开展安全生产宣传活动，推行安全责任制等，使每个职工绷紧安全这根弦，才能使电站安全运行。

一、安全组织机构与安全责任制

（一）建立安全组织机构

为了加强安全管理工作，各级应配备专职或兼职安全员，负责具体安全管理工作。必要时，可在站内设置专门安全管理部门，如安检股，在站部、车间、班组设立安全员，组成电站的三级安全管理网络，在安全机构的领导和组织下，开展安全监察和安全管理工作。

各级安全员应由有小水电管理工作经验、小水电运行经历、责任心强且敢于坚持原则的技术人员或技术工人担任，确保安全管理工作的贯彻执行。

（二）推行安全责任制

建立并落实安全责任制是安全管理工作的重要环节，各级安全员都应该明确自己的责任范围。安全员的主要职责如下：

（1）电站安全员是生产技术领导开展安全工作的助手，应落实各级安全工作，并处理上下级安全工作方面的关系。

（2）督促并协助所属部门健全安全管理机构，参与审定有关规章制度，并督促其贯彻落实。

（3）协助领导编制安全生产计划和防事故措施计划，并督促本单位实施。

（4）协助领导开展安全大检查，召开事故分析会；参与下级的重要事故分析，编制事故报表及有关安全资料。

（5）组织安全培训、安全规程考试，制定有关安全奖惩条例；监督有关安全防护设施和安全用品的管理工作。

（6）熟悉本站的大、小工作以及设备的运行状态，并定时对设备的现状向负责生产的领导进行汇报。

（三）安全负责人

站内除各级安全员外，各生产岗位还应有安全负责人，具体负责安全工作，运行班长由值（班）长或主值班员担任。

二、安全活动

（一）开展安全活动的目的

组织安全机构的目的是开展安全活动，促进安全生产，减少事故以及设备的损坏，宣传生产中引起的伤亡事故的潜在因素，保证在生产中的运行安全，防止爆炸、火灾、高空坠落等意外事故。

（二）安全活动的主要内容

（1）召开定期性的安全例会。小水电站应每月召开一次安全例会，其内容为：传达有关安全文件，通报有关安全事故，介绍其他单位的安全生产经验，通报本站安全工作中存在的问题、事故隐患，提出预防措施，对安全生产工作进行总结和评比。

（2）开展定期性的安全大检查。定期地开展群众性的安全大检查活动，是不断巩固群众的安全思想，增强安全意识，摸清设备的运行状况，采取措施消除设备中存在的缺陷，保证安全生产顺利进行的有效办法。安全大检查活动体现了"以预防为主"的安全生产方针。安全大检查应有组织、有重点地进行，小型水电站应在每年雷雨季节前进行全面、详细地检查。因为雷电造成的事故占有较大的比例，在冬修前也应全面检查，这就使检修更有针对性，以便为编制冬季检修计划提供依据。每次检查应有目的，抓住薄弱环节，找出关键问题，集中力量加以解决。

（3）开展安全培训工作及定期考试工作。电站的生产安全与有关人员的知识技术水平有密切关系，可以通过开展事故预想、反故障演习，讲解触电急救、安全工具的使用知识，安排安全规程考试与相关活动，来加强安全意识和提高工作人员的安全知识和技能。

（4）建立安全累计记录。安全累计通常以天为计量单位。在电力行业，安全生产多少天或多少天无事故或无重大事故是衡量电业单位的重要依据。小型电站中，安全生产时间的长短是评比电站、车间、班级和个人工作成绩的重要指标，评比过程中应结合奖惩开展竞赛评比，可以有效地激励广大群众共同做好安全生产工作。

（5）进行事故调查分析。所谓事故，是指小水电站中机电设备全部或部分正常工作状态遭到破坏、中断或减少送电的情况，包括发电事故、人为事故、检修事故和操作事故，以及对人生命安全构成威胁的情况，如多人受伤、重伤甚至死亡，这属于非常严重的事故。

（三）安全活动的落实

安全活动并非形式上的任务，要认真研究落实的措施，制定有效对策。

各级领导应十分重视安全生产工作，对事故应及时组织有关人员进行调查分析，从事故中吸取教训，根据生产规律，研究并制定出预防事故发生的有效对策，实事求是，严肃认真，反对草率从事、大事化小、小事化了、隐瞒包庇等错误做法。安全监督和管理人员应坚持原则，善于调查分析，尽职尽责。

三、落实"两票""三制"

（一）"两票""三制"的内容

"两票"是指操作票和工作票；"三制"是指交接班制度、巡回检查制度和设备缺陷管理制度。"两票""三制"的执行是进一步落实有关人员的岗位责任制，加强安全生产的重要措施，是确保设备的正常运行、稳定生产秩序行之有效的办法。操作票制度涉及需要操作的设备与操作人、监护人、操作票签发人之间的关系。工作票制度涉及检修、运行人员与被检修设备之间的关系。交接班制度涉及交班人员、接班人员与设备之间的关系。巡回检查制度涉及当班运行人员与运行设备之间的关系。设备缺陷管理制度牵涉运行、检修及有关人员与运行设备之间的关系。

（二）"两票""三制"的落实

目前还有不少小水电站领导并不重视安全问题，认为自身的电站由于装机容量小，职工人数少，只要当班人员加强注意就行，因此并没有要求严格执行"两票""三制"，有的甚至没有实行"两票""三制"。多年的实践证明，由于"两票""三制"的不落实，设备故障、人身伤亡事故时有发生，给国家造成了重大损失。如有的在检修、试验时没有执行工作票制，致使工作人员在工作中触电；有的在操作时没有执行操作票制度，造成操作失误事故，将运行设备烧坏。如某电站非当值运行人员利用设备停电机会进行贴示温蜡片的工作，但是进行此项工作时既未将工作写入检修工作票上，也未单独办理工作票手续，致使进行贴示温蜡片的运行人员对停电和带电设备界限不清，误带电穿墙套管，发生触电烧伤的事故。作为运行人员，决不能认为对设备比较了解，且有工作许可权，就可以不办工作票随意工作。无论是运行人员，还是检修人员，对于需要办理工作票或操作票才能进行的工作，都必须严格履行手续。为确保人身和设备的安全，必须严格落实"两票""三制"。

第二节　电气设备的额定值与设备安全

电气设备的额定值是设计者为保证电气设备在一定条件下安全运行所规定的技术参数定额。电气设备在额定值下运行，将具有良好的技术经济性能，而且能在设计的寿命期内安全运行。如果电气设备在超过其额定值的情况下运行，例如工作电流超过额定值过多，就会使设备载流部分发热，绝缘温度过高；工作电压超过额定值，则会使铁芯发热、绝缘击穿；严重偏离额定值运行将导致设备烧毁或损坏。因此，必须按照额定值使用电气设备、导线、元器件和电工材料，这是保证电气设备和线路安全运行，实现安全用电的必要条件。

一、电气设备的额定值

电气设备的额定值也可称为额定参数，这些参数多为电气量（如电压、电流、功率、频率、阻抗、功率因数等），也有一些是非电气量（如温度、转速、时间、气压、力矩、位移等）。不同类型的电气设备或元器件，其额定值的结构参数有所不同。比如白炽灯泡，通常指标有额定电压和额定功率；电动机、变压器等电力设备则标有更多的额定参数：额定电压、额定功率（容量）、额定电流、额定频率、额定功率因数、额定效率和允许温升等。一些开关电器除标明额定电压和电流外，还标有说明开关开断性能及短路稳定性的额定参数，如额定断路电流、额定断路容量、分闸时间、动稳定电流、热稳定电流等项目。电气设备的额定值可在产品铭牌、包装、设备手册或产品样本中查阅得知。必须指出的是，电气设备的四个主要电气量额定值——电压、电流、功率、阻抗之间存在着互相换算的关系，可以从其中的两个演算出另外的两个。例如，我们可以很容易算出 220 V、100 W 灯泡的额定电流为 0.45 A，热态电阻为 484Ω，所以在灯泡上只标出额定电压和额定功率。

额定值是选择、安装、使用和维修电气设备的重要依据。下面重点讨论额定电压和额定电流与电气设备安全的关系。

（一）额定电压与设备安全的关系

电气设备的额定电压是在产品设计时就被确定的。电气设备在额定电压下运行，不仅有安全保障，还有最标准的技术经济指标。因此，一切电气设备和电工器材的选择和投运，首先必须保证其额定电压与电网的额定电压相符。其次，电网电压的波动引起的电压偏差（常以用电设备装接地点的电网实际电压偏离其额定电压的百分数表示）必须在允许的范围内，如照明设备允许电压偏移 ±5%，电动机允许电压偏移 -5%~+10%。如果用电设备的额定电压与电网的额定电压不符或电压偏移过大，将使设备不能正常工作，甚至发生人身安全事故。

例如，把 36 V 的安全灯泡接于 220 V 电源上，将 220 V 单向用电器接于 380 V 线电压、在检修中将 Y 形接线的三向用电设备误接成 △ 形接线、把 220 V 的接触器线圈接于 380 V 控制电源等错误做法，都会使用电设备因电流过大而烧坏或发生绝缘击穿事故。

再如，白炽灯对端电压的波动很敏感，当电压偏移 -10% 时，其光通量将减少 30%，亮度显著降低；端电压偏移 +10% 时，其寿命将减少 2/3，灯泡损坏的数量显著增加。又如异步电动机，由于其转矩与电压的平方成正比，如果端电压下降了 10%，转矩将下降 19%，这可能使重载的电动机启动不了或在运行中因带不动负载而停转。对于运行中的电动机，端电压的下降，将造成电动机的转速下降、转子电流和定子电流增大、绕组温度升高、绝缘老化加速，严重时甚至可能烧毁；反之，如果电动机的端电压超过额定值过多，铁芯将会过热，对电动机的绝缘也是不利的。再如交流接触器，当线圈控制电压低至额定值的 75% 以下时，其触头将可能释放而使生产机械停止运转。凡此种种都说明即使用电设备的额定电压与电网的额定电压相同，但若电压偏移过大，仍会对用电设备的技术性能及安全带来危害。因此，有关规程都对用电设备的允许电压偏移作出规定。

上述例子说明了额定电压对电气设备的安全的重要性。因此，我们在选用、安装、使用电气设备时，额定电压是首先要考虑技术参数。

（二）额定电流与设备安全的关系

当选用和安装电气设备时，在确定了额定电压后，第二步应考虑的技术参数就是额定电流（或额定容量）。所谓额定电流，是指在一定的周围介质温度和绝缘材料允许温度下，允许长期通过电气设备的最大工作电流值。当设备在额定电流下工作时，其发热不会影响绝缘性能，温度也不会超过规定值。

现以一台 SL-100/10 型配电变压器为例来说明。该变压器高、低压侧的额定电流分别为 5.8 A 和 114 A，按产品技术标准，相对应的周围介质计算温度为 40 ℃，采用 A 级绝缘材料，允许最高工作温度为 105℃（绕组温升为 65 ℃）。按上述额定电流的定义，在变压器周围环境的实际温度不超过40℃的情况下，只要变压器高、低压侧的电流分别不超过5.8 A和114 A，绕组的温度就不会超过105℃，温度也不会超过65℃，也就不会影响绝缘的性能和使用寿命。换言之，就能够保证变压器在规定的寿命期（通常为20年）内安全地运行。如果变压器的负荷电流超过其额定电流，绕组的温度就会超过A级绝缘材料的允许最高工作温度105℃，温度也会超过允许值，绝缘的老化速度将加剧。轻则缩短变压器的寿命，重则会引发绝缘击穿短路事故。变压器如此，其他电气设备也是如此。所以，限制电气设备的工作电流，勿超过其额定电流，这是保证电气设备安全运行的重要条件。

由上述关于额定电流的定义可知，电气设备的额定电流是以一定的周围介质温度为条件的。设备铭牌上所标示的额定电流，一般是按环境温度（周围介质计算温度）40℃设计的。当环境实际温度不等于40℃时，实际允许的长期工作电流应进行对应的修正。额定容量和功率，在设备的额定电压被确定后，其规定条件和额定电流相同，对于电气设备的安全运行也具有相同的意义。

（三）其他额定值对设备安全的影响

除额定电压和额定电流（容量）外，其他一些额定技术参数对设备的安全也有重要影响，在选用电气设备时也应考虑到。例如，开关设备的额定断路容量（也称遮断容量）、热稳定电流、动稳定电流对于开关的安全就具有十分重要的意义。如果遮断容量小于开关安装地点的短路功率，电路发生短路故障时，开关将不能有效地开断（灭弧），这将会引起开关爆炸并扩大故障范围；如热稳定电流和动稳定电流满足不了要求，在短路故障的持续时间内，开关将发生热破坏和机械破坏。又如直流电动机超速（其转速超过额定转速）运行时，电枢绕组会受到离心力的破坏。再如硅整流元件截止期间所承受的反向电压超过其允许的反峰电压时，会使整流元件击穿损坏。这些例子都告诉我们，必须充分理解额定值的意义及其对设备运行安全的影响。

二、导线及电缆的安全载流量

（一）安全载流量及其与安全的关系

导线长期允许通过的电流称为导线的安全载流量。

导线的安全载流量主要取决于线芯的最高允许温度。线芯的最高允许温度主要是从安全的角度来考虑的。如果通入导线的电流过大，电流的热效应会使导体温度过高，将加速导线的老化甚至被击穿，还会使导体的接头过热而发生强氧化，导致接触电阻增大。接触电阻的增大又会使接头处更热，温度更为上升，如此恶性循环的结果可使接头烧坏，造成严重事故，设在室内的导线工作电流过大，还可能引起火灾。因此，必须限制导线的最高工作温度，或者说，应将通过导线的工作电流限制在安全载流量内。

（二）导线和电缆的安全载流量

导线和电缆的安全载流量与导线的截面积、绝缘材料的种类、环境温度、铺设方式等因素有关。母线的安全载流量还与母线的几何形状、排列方式有关。

第三节 电气防火及防爆

火灾和爆炸都是直接与燃烧现象相联系的。失控的大范围燃烧称为火灾；瞬间突发并产生高能量的高温高压气流向四周迅速扩散的现象则称为爆炸。因电气原因形成火源而引燃或引爆的火灾和爆炸则称为电气火灾或电气爆炸。

电气火灾或电气爆炸与其他原因导致的火灾和爆炸相比具有更强的灾难性。因为前者除损坏财产、破坏建筑物、导致人员伤亡外，还将造成大范围、长时间的停电。由于存在触电的风险，电气火灾和爆炸的扑救变得更加困难。因此水电站电气设备的防火防爆显得尤为重要。

一、引发电气火灾和爆炸的原因

引起火灾和爆炸的原因很多，在水电站中主要有以下几种原因。

（一）电气线路和设备过热

短路、过载、铁损过大、接触不良、机械摩擦、通风散热条件恶化等都会使电气线路和电气设备整体或局部温度升高，继而引爆易爆物质或引燃易燃物质而发生电气爆炸和火灾。

（二）电火花和电弧

电气线路和电气设备发生短路或接地故障、绝缘子闪络、接头松脱、炭刷冒火、过电压放电、熔断器熔体熔断、开关操作以及继电器触点开闭等情况都会产生电火花和电弧。不仅电火花和电弧可以直接引燃或引爆易燃易爆物质，电弧还会导致金属熔化、飞溅而构成引燃可燃物品的火源。所以，在有火灾危险的场所，尤其在有爆炸危险的场所，电火花和电弧是引起爆炸和火灾的十分重要的因素。

（三）静电放电

静电是普遍存在的物理现象。两物体之间互相摩擦可产生静电（摩擦起电）；处在静电场内的金属物体上会感应静电（静电感应）；施加过电压的绝缘体中会残留静电。有时对绝缘的导体或绝缘体上会积累大量的电荷而具有数千伏乃至数万伏的高电位，足以击穿空气间隙而发生火花放电。所以，静电放电所引起的火灾实质上也属于电火花类起因。此处将其列为另一种起因，是着眼于静电发生的特殊性。

　　静电场的能量不大，瞬间电击对人身一般无直接致命危险，但可造成人体痉挛跌伤所导致的二次事故；在一些场合，静电场还会影响精密仪器的正常工作；在某些生产过程中，静电会妨碍工艺过程的正常进行或降低产品质量。但静电最严重的危害是其放电火花可能引起火灾和爆炸。输油管道中油流与管壁、皮带与皮带轮间、传送带与物料间互相摩擦产生的静电火花，很可能引燃易燃物质或引爆易爆性气体混合物。静电对石油化工、橡胶塑料、纺织印染、造纸印刷等行业的生产场所是十分危险的。

二、危险场所分类

　　针对不同的环境条件采取不同的电气防火防爆措施，将可能发生电气火灾和爆炸的场所称为危险场所，并根据其发生危险的可能性大小进行分类。

　　危险场所的认定对于电气防火防爆具有十分重要的意义。对于危险场所的认定需要考虑危险物料的理化性质、危险源特征（数量、浓度和扩散情况）、通风状况等因素。开敞或露天区域、有自动报警装置的场所可降低一级考虑；与危险场所相邻的场所，当有一道非燃性的实体隔墙隔开时，亦可降低一级考虑；当通过走廊或套间隔开或有两道墙隔开时，则可视为无危险场所。

　　爆炸和火灾危险场所的等级，应根据发生事故的可能性和后果，同时根据危险程度及物质状态的不同划分为三类八级，以便采取相应措施，防止由于电气设备和线路的火花、电弧或危险温度引起爆炸或火灾的事故。三类八级划分如下。

　　（1）第一类气体或蒸汽爆炸性混合物的爆炸危险场所分为3级：

　　① Q-1 级场所：正常情况下能形成爆炸性混合物的场所；

　　② Q-2 级场所：正常情况下不能形成，但在不正常情况下能形成爆炸性混合物的场所；

　　③ Q-3 级场所：正常情况下不能形成，但在不正常情况下形成爆炸性混合物可能性较小的场所。如该场所内爆炸性危险物质的量较少，爆炸性危险物质的比重很小且难以积聚，爆炸下限较高等场所。

　　（2）第二类粉尘或纤维爆炸性混合物的爆炸危险场所分为2级：

　　① G-1 级场所：正常情况下能形成爆炸性混合物的场所；

　　② G-2 级场所：正常情况下不能形成，但在不正常情况下能形成爆炸性混合物的场所。

　　（3）第三类火灾危险场所分为3级：

　　① H-1 级场所：在生产过程中产生、使用、加工、储存或转运闪点高于场所环境温度的可燃液体，在数量和配置上能引起火灾危险的场所；

② H-2 级场所：在生产过程中悬浮状、堆积状的可燃粉尘或可燃纤维不可能形成爆炸性混合物，而在数量和配置上能引起火灾危险的场所；

③ H-3 级场所：固体状可燃物在数量和配置上能引起火灾危险的场所。

三、防爆电气设备的类型

在爆炸危险场所必须使用防爆电气设备。按有关生产制造规程的防爆电气设备有 7 种类型，其类型特征如下：

（一）增安型（旧称防爆安全型）

此型设备在正常运行情况下，其封闭外壳内不产生火花、电弧和危险温度。

（二）隔爆型

此型设备的金属外壳不仅能承受内部爆炸时的压力而不破裂，还能防止爆炸产生的火焰和高温气流引燃或引爆外部空间的可燃易爆物料。显然，正常运行时能产生火花或电弧的此类设备须设有连锁装置，保证电源接通时不能打开壳盖。反之，壳盖打开时则不能接通电源。

（三）防爆充油型（旧称充油型）

此型设备具有全封闭结构的外壳，凡可能产生火花、电弧的带电部件都浸没在绝缘油中，浸没深度不得小于 10 mm，以防止引燃油面上部和壳外的爆炸性混合物。

（四）通风充气型（旧称防爆通风充气型）

此型设备的防爆原理是向其外壳内充入正压（高于外部大气压强）的新鲜空气或惰性气体，以阻止壳外爆炸性气体或蒸汽进入壳体内部引起爆炸。此型设备须有自动报警装置并在充气压强降低时发出警报信号或切断电源。此外，还应有连锁装置，以保证先充气后送电。设备运行中，火花和电弧不得从缝隙或出风口吹出。

（五）本质安全型（简称本安型，旧称安全火花型）

此型设备在正常或事故情况下所产生的电火花和危险部位的温度均不易引爆易爆性混合物。因此，该型设备应具有全封闭结构，且外壳不宜用易产生静电的合成材料制作，电路负载的容量不宜超过 15 VA，并由隔离变压器实现电气隔离，此外还应有限流、限压保护。

（六）充砂型

外壳内部充填以细粒状材料，使外壳内部产生的任何电弧不能点燃周围可燃气体。

（七）防爆特殊型

结构上不属于上述各类型而采取其他防爆措施，均称防爆特殊型。

防爆电气设备外壳上应有明显的防爆类别标志。

四、电气防火和防爆措施

发生火灾和爆炸必须同时具备两个条件：一是环境中存在足够数量和浓度的可燃易爆物质；二是要有引燃或引爆源。前者又称危险源，如煤气、石油气、酒精蒸气、各种可燃粉尘、纤维等。后者又称火源，如明火、电火花、电弧和高温物体等。因此，电气防火防爆措施应着力于排除上述危险源和火源。

工业上采取的电气防火和防爆措施如下。

（一）排除可燃易爆物质

排除易爆物质的措施有两个：一是保持良好的通风，以便把可燃易爆气体、蒸汽、粉尘和纤维的浓度降低至爆炸浓度下限之下，用于机械通风的电动机应保证在正常的状态下运转；二是加强存有可燃易爆物质的生产设备、容器、管道和阀门等的密封，以断绝上述危险物质的来源。

（二）排除电气火源

排除电气火源就是避免电气装置在运行中产生火花、电弧和高温。相应的措施有：

（1）正常运行时能够产生火花、电弧和危险高温的非防爆电气装置应安装在危险场所之外。

（2）在危险场所，应尽量不用或少用携带式电气设备。

（3）在危险场所，应根据危险场所的级别合理选用电气设备的类型并严格按照规范安装和使用。

表 6-1 和表 6-2 分别列出了爆炸危险场所和火灾危险场所电气设备的选型要求。

表 6-1 爆炸危险场所电气设备选型要求

设备及使用条件 Q-1		场所等级				
		Q-2	Q-3	G-1	G-2	
电机		隔爆型通风充气型	任意防爆类型	H43 型①	任意一级隔爆型、通风充气型	H44 型②
电器和仪表	固定安装	隔爆型、充油型、通风充气型	H45 型③	H45 型④	任意一级隔爆型、通风充气型、充油型	H45 型
	移动式	隔爆型、通风充气型、本质安全型	隔爆型、通风充气型、本质安全型	除充油型外任意一种防爆类型、H57 型	任意一级隔爆型、充气型	
	携带式⑤	隔爆型、本质安全型	隔爆型、本质安全型	隔爆型、增安型、H57 型	任意一级隔爆型	
照明灯具	固定及移动式	隔爆型、充气型	增安型	H45 型	任意一级隔爆型	H45 型
	携带式	隔爆型	隔爆型	隔暴增安型、H57 型	任意一级隔爆型	任意一级隔爆型
变压器		隔爆型、通风充气型	增安型、充油型	H45 型⑥	任意一级隔爆型、充油型	H45 型
配电装置		隔爆型、通风充气型	任意一种防爆类型	H57 型	任意一种隔爆型、通风充气型	H45 型
通信电器		隔爆型、充油型、通风充气型	增安型	H57 型	通风充气型	H45 型

注：①字母 H 及其后面的两个数字表示非防爆型电气设备外壳的防护等级，第一个数字表示防止固体及人体触及的级别；第二个数字表示防水的级别。本表中要求电动机正常发生火花的部件（如滑环）应在 H44 型的罩子内；事故排风机用电动机应选用任意一种防爆类型。防护标志字母在新标准中改为"IP"，数字代号意义不变。

②电动机正常发生火花的部件（如滑环）应在下列类型之一的罩子内：任意一种隔爆型、通风充气型及 H57 型。

③具有正常发生火花的部件或按工作条件发热超过 80℃的电器和仪表，应选用任意一种防爆类型。

④事故排风机用电动机的控制设备（如按钮）应选用任意一种防爆类型。

⑤应有金属网保护。

⑥指干式或充以非燃性液体的变压器。

表 6-2　火灾危险场所电气设备的选型要求

场所等级		H-1	H-2	H-3
电机	固定安装	H43 型	H44 型	H22 型①
	移动式和携带式	H44 型		H44 型
电器和仪表	固定安装②	H30 型	H56 型	H30 型
	移动式和携带式③	H45 型		H30 型
照明灯具	固定安装	H30 型	H45 型	H00 型
	移动式和携带式	H45 型		H30 型
配电装置④		H45 型		H30 型
接线盒⑤		H45 型		H30 型

注：①具有正常发生火花的部件（如滑环）的电机应选 H43 型。
②正常发生火花的部件必须浸在油内。
③照明灯具的玻璃罩应用金属网保护。
④配电装置包括配电柜、配电盘、配电箱等。
外壳防护标志字母"H"在新标准中改为"IP"，防护等级的数字代号的意义不变，如将 H43 型改为 IP43 型。

爆炸危险场所电气设备安装的技术要求是严格密封、连接可靠（接触良好、防松脱、防振动）、防止局部放电（接线盒内裸露带电部分之间及其与金属外壳之间应保持足够的电气间隙和漏电距离）、防止局部过热等。

火灾危险场所电气设备安装的技术要求大致与爆炸危险场所相同。隔热或远离可燃物质是电气防火的有效措施。如开关电器及正常运行时可能产生火花的电气设备应远离可燃物料存放地点 3 m 以上；电热器应该安装在非燃性材料的底板上并装有防护罩，若安装在金属底板上，则金属底板与可燃物之间应有隔热措施；吸顶灯泡与木台间也应有隔热措施。

（4）危险场所的电气线路应适应防火防爆的要求。

①爆炸危险场所敷设的电缆和绝缘导线，其额定电压不得低于 500 V。工作零线应采用与相线同级电压的绝缘导线共管（套）敷设。禁止在 Q-1 级场所采用无铠装电缆。移动式电气设备的线路应使用橡套电缆，Q-1 级、Q-2 级和 G-1 级场所应采用主芯截面面积不小于 2.5 mm² 的重型橡套电缆。其他场所可采用主芯截面面积不小于 1.5 mm² 的中型橡套电缆。

低压线路导线的长期允许载流量应大于电动机额定电流的 125%，高压线路尚需校验导线的短路稳定性。爆炸危险场所电缆和绝缘导线线芯的最小允许截面面积见表 6-3，Q-1 级和 G-1 级场所禁止采用铝导线。

表 6-3 爆炸危险场所电缆和绝缘导线线芯最小允许截面面积

爆炸危险场所级别	线芯最小截面面积（mm²）					
	铜芯			铝芯		
	动力	控制	照明	动力	控制	照明
Q-1	2.5	2.5	2.5	禁用		禁用
Q-2	1.5	1.5	1.5	4		2.5
Q-3	1.5	1.5	1.5	2.5	禁用	2.5
G-1	2.5	2.5	2.5	禁用		禁用
G-2	1.5	1.5	1.5	2.5		2.5

在爆炸危险场所，绝缘导线应穿钢管配线，严禁明敷。钢管之间或钢管与接线盒之间的螺纹连接处应连接牢固、接触良好，需涂导电性防锈脂或凡士林等物质防锈，但不得缠麻或涂油漆。在 Q-1 级场所，螺纹连接处还需装锁、紧螺母。

管路的密封对防爆十分重要。在 Q-1 级、Q-2 级和 G-1 级场所，钢管配线凡在电气设备的进线口、管路过墙处、穿过楼板或地面引入其他场所处均应装设隔离密封盒，使用胶泥或粉剂填料作隔离密封处理。电缆穿过地面、楼板、墙壁的保护管应将管口用非燃性纤维堵住并用胶泥密封。

线路的布置应有利于防爆。当危险场所的可燃气体、蒸汽的比重比空气大时，电气线路应在较高处敷设或直接埋地，若采用电缆沟敷设，沟内必须充砂；当可燃气体、蒸汽的比重比空气小时，电气线路应在较低处敷设或在电缆沟内敷设。

必须指出，本安电路（即本质安全型电路）不得与其他电路共管敷设或共用一根电缆（使用屏蔽线者除外）；配电盘内本安电路的端子（排）与其他电路的端子（排）之间应设置不小于 50 mm 的间距，否则需要用绝缘隔板或防护罩防护；本安电路的导线应单独束扎、固定；本安电路的电缆、钢管、端子板应有蓝色标志；保持管不应镀锌；本安电路本身不应接地（除设计有要求外），但正常不带电的金属部分仍应接地。

为了防止导线局部过热或产生火花，除照明回路外，爆炸危险场所内的线路不得有中间接头，且接头必须置于相应防爆类型的接线盒内，并要求采用钎焊、熔焊或压接法连接。

在爆炸危险场所，低压线路应采用三相五线制和单相三线制（TN-S 系统），相线和工作零线上均应有短路保护。高压线路须装设零序电流保护装置。

②火灾危险场所内的线路应采用无延燃性外护层的电缆和绝缘导线敷设；导线额定电压不低于 500 V，铝线截面面积不小于 2.5 mm²。高压线路宜采用铠装电缆。移动式设备应使用中型橡套电缆。H-1 级和 H-2 级场所应采用钢管或硬塑料管配线，远离可燃物质时，也可采用非燃性绝缘导线在瓷瓶上明敷，但不应在未抹灰的木质吊顶、隔墙上、天棚内或可燃液体的管道管廊架上用瓷瓶（夹）明配。在 H-3 级场所，起重机可以采用滑线供电，但滑线下方不应有可燃物料。

电气线路中的接线盒，H-1 级和 H-2 级场所应采用防尘型，H-3 级场所可采用保护型；钢管与接线盒用螺纹连接时，应啮合紧密；非螺纹连接时，应装设锁紧螺母；钢管与电动机等有振动的设备连接时，应装设金属软管；电缆引入设备或接线盒内，进线口处应该密封。

母线之间的连接一般应使用熔接，在拆卸、检修处可用螺栓连接，但要加防松装置。H-1 级场所的母线应加保护网。

③正确选用保护信号装置和连锁装置，保证在电气设备和线路过负荷或发生短路故障时，及时、精确地报警或切除故障设备和线路，防患于未然。例如，增安型电机当启动时间超过规定时，保护装置应能自动断开电源；又如通风充气型电气设备的风压或气压降低到一定程度时，由微压继电器构成的保护装置应能切断主电源并且发出警告信号；又如隔爆型电气设备的电气联锁装置应能保证电源接通时壳盖不能打开，壳盖打开后电源不能接通。

在爆炸危险场所采用保护接零时，选择熔断器熔体应按单相短路电流大于额定电流的 5 倍来校验（一般场所按 4 倍校验）。

④危险场所的电气设备正常不带电的金属外壳可靠接地或接零。其技术要求是：

设备接地（零）端子应有接地标志，接地螺栓的规格大小应符合规定且有防松装置，并涂凡士林防锈。

在爆炸危险场所，电气设备的金属外壳应与场所内的金属管道、金属结构等电位连接，以消除彼此间放电的可能性。接地（零）线不得借用金属管道、金属构架、工作零线，而应敷设专用的铜质接地（零）线，但 Q-2 级场所的照明设备和 Q-3 级、G-2 级的电气设备可利用配线钢管作接地（零）线。与相线共管敷设的接地（零）线应采用额定电压与相线相等的绝缘导线。

在爆炸危险场所，接地（零）干线通过与其他场所共用的隔墙或楼板时，应采用厚壁钢管保护并对管口作密封处理。

⑤突然停电有可能引起电气爆炸和火灾的场所，应有两路及以上的电源供电，两路电源之间应能自动切换。

⑥加强对线路和设备的维护、试验、检修和运行管理，确保电气装置的安全运行。

（三）在土建方面的防火防爆措施

在土建方面采取措施可以防止灾害的蔓延并保护人身安全。这些措施有：

（1）采用耐火材料建筑。与危险场所毗连的变配电装置室的耐火等级不应低于二级，但变压器室与多油开关室应为一级；隔墙应用防火绝缘材料制成，门应用不可燃材料并向外开。

（2）充油设备间应保持防火间距离。油量为 2500 kg 以上的屋外变压器应保持不小于 10 m 的防火间距；露天油罐与主变压器间的防火间距不应小于 15 m，不能满足时，其间应设防火墙；电容器室与生产建筑物分开布置时，防火间距不应小于 10 m；相邻布置时，隔墙应为防火墙。

（3）装设储油和排油设施以阻止火势蔓延。这些设施的视设备调整充油量的大小，有隔离板或防爆隔墙围成的间隔、防爆小间、挡油墙坎、储油池等。

（4）电工建筑物或设施应尽量远离危险处。室外配电装置与爆炸危险场所的间距应在 30 m 以上。架空电力线路严禁跨越爆炸和火灾危险场所，两者的水平距离不应小于杆塔高度的 1.5 倍。

（四）常用电气设备本身的防火防爆措施

常用电气设备，特别是充油电气设备，如安装或使用不当、误操作、发生过负荷或短路故障，均会引起设备自身起火甚至酿成火灾和爆炸的危险。因此，必须采取防止电气设备本身着火或爆炸的措施。

（1）导线和电缆的安全载流量不应小于线路长期工作电流。供用电设备不可超过其过负荷能力长时间运行，以防止线路或设备过热。特别应监视变压器类充油设备的上层油温，防止超过允许值。

（2）保持电气设备绝缘良好，导电部分连接可靠。定期清扫灰尘。

（3）开关、电缆、母线、电流互感器等设备应满足短路热稳定的要求。

（4）应正确使用开关电器，杜绝误操作事故。严禁使用遮断容量不足的断路器；严重漏油和缺油的断路器不可用以断开负荷，应设法将负荷转移或减小至零后，方可将断开和修理。

（5）当发现电力电容器的外壳膨胀、漏油严重或声响异常时，应停止使用。

（6）保护装置应正确整定、可靠动作，操作机构动作应灵活可靠，防止拒动。

（7）保持环境通风良好，机械通风装置应运行正常。

（8）线路和设备安装时要注意隔热。

（9）使用电热、照明以及机壳表面温度较高的电气设备应注意防火，并不得在易燃易爆物品附近使用这些设备，如必须使用，应采取有效的隔热措施。在爆炸危险场所，一般不应进行电气测量工作。

（五）消除和防止静电火花

静电放电产生的火花是引燃引爆的火源。消除静电放电的技术措施有两类：第一类基于控制静电的产生；第二类基于防止静电的积累。具体方法有工艺控制、静电接地、增湿、屏蔽、加入抗静电添加剂、利用静电中和器等。

（1）工艺控制。工艺控制是在生产过程中设法控制静电的产生，其原理是减少摩擦。例如，防止传动皮带打滑以齿轮传动代替皮带传动；降低管道内流体或粉尘的流速；

从容器底部或沿侧壁注油，以避免油流冲击和飞溅等。

（2）静电接地。静电接地是通过接地装置将静电荷及时泄入大地，是最常用的消除静电危害的方法，广泛用于消除导体上的静电。防止静电的接地装置可与电气设备的保护接地装置共用。单以防静电为目的的接地装置，接地电阻不大于 $1000\,\Omega$ 即可。

静电带电体应有多处接地，特别是对地绝缘的长形金属物体的两端都应接地，因为静电感应可使两端都有静电荷。容积大于 50 立方米的储罐，至少应有两处对称点接地。

凡用来加工、储存、运输各种易燃易爆液体、气体、粉尘物质的设备、管道、车辆均须作防静电接地。

在危险较大的场所，如电机等旋转机械，除机座接地外，还应采用导电性润滑油，采用滑环电刷将转轴接地。

同一场所的两个及以上带静电的金属物件，除分别接地外，相互之间还应作金属性等电位连接，以防止相互间存在电位差而放电。灌注可燃液体的金属管口与金属容器，必须与金属可靠连接并接地，否则不允许工作。

将有爆炸危险的建筑物导电地板接地，可导走设备与人体上的静电荷。

（3）增湿。增湿既采用空调设备、喷雾器或挂湿布等方法来提高空气的湿度，以消除绝缘体上的静电。此法只对容易被水润湿的某些固态绝缘体有效，对孤立的固体绝缘物、液体和粉体防静电是无效的。当相对湿度低于 30% 时，可考虑用增湿的方法来消除静电积聚。

（4）屏蔽。存留在金属体上的静电极容易通过接地消除，但是绝缘体上所带的静电荷采用一般的接地方法是很难消除的，反而增加了火花放电的危险。绝缘体上的静电可采用静电屏蔽接地的方法来限制或防止放电。所谓静电屏蔽接地，就是用金属丝或金属网在绝缘体上缠绕若干圈后再进行接地。对容易产生尖端放电的部位可采取静电屏蔽。

（5）加入抗静电添加剂。抗静电添加剂是一些增大绝缘材料表面电导的特制辅助剂，加入产品原料后可促使静电从绝缘体上消散。各行业适用的抗静电添加剂是不同的，例如乙炔炭黑是用于橡胶行业的抗静电添加剂；油酸盐是用于石油行业的抗静电添加剂。

（6）利用静电中和器（静电消除器）。静电中和是借助静电中和器提供的电子和离子来中和物体上的异号静电荷，从而消除静电的危害。与抗静电剂相比，由于静电中和法不影响产品质量而且使用方便，静电中和器应用很广。按照产生离子的原理不同，静电中和器有感应式中和器、高压中和器、放射线中和器和离子流中和器等类型。

五、电气灭火

电气火灾有两个不同与其他火灾的特点：其一是着火的电气设备可能是带电的，扑救时要防止人员触电；其二是充油电气设备着火后可能发生喷油或爆炸，造成火势蔓延。因此，在进行电气灭火时，应根据起火场所和电气装置的具体情况，采取相应的安全措施。

（一）先断电后灭火

发生电气火灾时，应先切断电源，而后再扑救。切断电源时应注意以下几点安全事项：

（1）应遵照规定的操作程序拉闸，切忌在慌乱中带负荷拉刀闸。高压停电应先拉开断路器而后拉开隔离开关；低压停电应先拉开自动开关而后再拉开闸刀开关；电动机停电应先按停止按钮释放接触器或磁力启动器后再拉开闸刀开关，以免引起弧光短路。由于烟熏火燎，电气设备的绝缘能力会下降，因此操作时应该注意自身的安全。在操作高压开关时，操作者应戴绝缘手套和穿绝缘靴；操作低压开关时，应尽可能使用绝缘工具。

（2）剪断电线时，应使用绝缘手柄完好的电工钳。非同相导线或火线和零线应分别在不同部位剪断，以防止在钳口处发生短路；剪断点应选择在靠电源方向有绝缘支持物的附近，防止被剪断的导线落地后触及人体或短路。

（3）如果需要电力部门切断电源，应迅速用电话联系。

（4）断电范围不宜过大，如果是夜间救火，要考虑断电后的临时照明问题。

切断电源后，电气火灾可按一般性火灾组织人员扑救，同时向公安消防部门报警。

（二）带电灭火的安全要求

发生电气火灾，一般应设法断电，如果情况十分危急或无断电条件下，就只好带电灭火。为防止人身触电，带电灭火应注意以下安全要求：

（1）因为可能发生接地故障，为防止跨步电压和接触电压触电，救火人员及所使用的消防器材与接地故障点要保持足够的安全距离。在高压室内这个距离为 4 m，室外为 8 m，进入上述范围的救火人员要穿上绝缘靴。

（2）带电灭火应使用不导电的灭火剂，例如二氧化碳、四氯化碳、1211 或干粉灭火剂。不得使用泡沫灭火剂和喷射水流类导电性灭火剂。灭火器喷嘴离 10 kV 带电体不应小于 0.4 m。

（3）允许采用泄漏电流小的喷雾水枪带电灭火。要求救火人员穿上绝缘靴，戴上绝缘手套操作。水枪的金属喷嘴应接地，接地线可采用截面面积为 $2.5\sim6$ mm^2、长 $20\sim30$ m 的编织软导线，接地极可采用打入地下 1 m 左右的角钢、钢管或铁棒。喷嘴至带电体的距离不应小于 3 m（ 110 kV 及以下者 ）。

（4）对架空线路或空中电气设备进行灭火时，人体位置与带电体之间的仰角不应超过 45°，以防导线断落威胁灭火人员的安全。

（5）如遇带电导线断落地面，应划出半径为 8~10 m 的警戒区，以避免跨步电压触电。未穿绝缘靴的扑救人员，要注意预防因地面积水而触电。

（三）充油电气设备的灭火要求

变压器、油断路器等充油电气设备着火时，有较大的危险性。如只是设备外部着火，且火势较小，可用除泡沫灭火器外的灭火器带电扑救。如果火势较大，应立即切断电源进行扑救（断电后允许用水灭火）。有事故储油池者应该将油放进储油坑，坑内的油火可用砂或泡沫灭火器灭火。但地面上的油火不得用水喷射，以防油火漂浮水面而蔓延扩大。注意防止燃烧的油流入电缆沟而顺沟蔓延。沟内的油火只能用泡沫灭火剂覆盖扑灭。

旋转电机着火时，为防止转轴和轴承变形，可边盘动边灭火。可用喷雾水、二氧化碳灭火，但不宜用泥沙、干粉灭火，以免沙土落入内部，损坏机件，和给事后清理带来困难。

第四节　生产安全制度与安全管理

一、倒闸操作及操作票制度

连接在电气主接线系统中的电气设备有四种状态：

（1）运行状态：指断路器、隔离开关均已合闸，设备与电源接通，处在运行中的状态。

（2）热备用状态：指隔离开关在合闸位置，但断路器在断开位置，电源中断，设备停运。即只要手动或自动合闸，设备即投入运行的状态。

（3）冷备用状态：指断路器、隔离开关均在断开位置，设备停运的状态。即欲使设备运行，需将隔离开关合闸，再合断路器的工作状态。

（4）检修状态：指设备的断路器、隔离开关均在断开位置，并接有临时地线（或合上接地刀闸），设好遮拦，悬挂好标示牌，设备处于检修的状态。

在改变电气设备的运行方式时，即电气设备四种状态的转换，都需要进行一系列拉开、合上开关和刀闸的操作以及其他操作。例如，开关控制回路的保险器地取下、装上，临时接地线的装、拆，保护装置的启用、停用等。这一系列操作过程称为倒闸操作。

在倒闸操作过程中如果不严格遵守规定而任意操作，将会造成严重的后果。例如，在操作刀闸时，在带负荷情况下拉开，由于刀闸没有灭弧装置，则会产生很大的电弧，一会引起相间短路；二会使操作者受到电击或电灼伤。前者会损坏电气设备，后者会危及人身安全，这种操作称为错误操作。不仅刀闸，其他电气设备的误操作亦会危及设备安全和人身安全。因此，倒闸操作必须参照安全规程的要求，以确保操作的安全。

（一）倒闸操作的安全规程

（1）倒闸操作必须实施操作票制度。操作票时值班人员进行倒闸操作的书面命令，更是防止误操作的安全措施。

（2）倒闸操作必须有两人进行（单人值班的变电所可由一人执行，但不能登杆操作及进行重要和特别复杂的操作），其中一人唱票、监护，另一人复诵命令操作。监护人的安全等级（或对设备的熟悉程度）要高于操作者。特别重要和复杂的倒闸操作，由熟练的值班员操作，值班负责人或值长监护。

（3）严禁带负荷拉、合刀闸。

（4）严禁带地线合闸。

（5）操作者必须使用必要的、合格的绝缘安全用具和防护安全用具。用绝缘棒拉、合刀闸或经传动机构拉、合刀闸和断路器时，均应正确佩戴绝缘手套。雨天在室外操作高压设备时，要穿绝缘鞋。接地网的接地电阻不符合要求时，绝缘棒应有防雨罩。晴天也要穿绝缘鞋。装卸高压可熔保险器时，应戴护目镜和绝缘手套，必要时使用绝缘夹钳，并站在绝缘垫或绝缘台上。登杆进行操作应戴安全帽，并使用安全带。

（6）在电气设备或线路送电前，必须收回并检查所有工作票，拆除安全措施，拉开接地刀闸或临时接地线及警告牌，然后测量绝缘电阻，合格后方可送电。

（7）雷雨时，禁止进行倒闸操作和更换保险丝。

（二）电气设备的正确操作

1. 隔离开关的正确操作

（1）手动进行操动的隔离开关，在合闸时要迅速果断、碰刀要稳、宁错不回。其意思是动触头进入静触头后不要用力过大，以防止损坏支持瓷瓶。宁错不回是说操动后发现弧光（误合闸）时应迅速合好，而不能因发现弧光就将合上的刀闸再拉回来。因为再拉开刀闸所产生的弧光会更大，后果将更严重。这种情况只能用该回路的断路器来断开电路，而后再恢复该刀闸的开闸位置。

（2）手动进行操动的刀闸，在分闸时要缓慢谨慎、弧大即返，也就是说，在拉开隔离开关的过程中，发现有较大电弧时，应立即再合上，停止操作。

（3）手动进行操动的隔离开关，在拉开小容量变压器的空载电流时，也会有电弧产生，这种情况要同（2）加以区别。此时，应迅速将隔离开关拉开，以利于灭弧。

（4）户外单极隔离开关以及跌落式熔断器操作时，为防止发生弧光短路，要求做到以下几点：

①停电时的操作应先拉开中间相，后拉开边相。如遇到大风天气，应按逆风向的顺序拉隔离开关；

②送电时的顺序与停电时拉开的顺序相反；

③检查经操作后隔离开关的实际位置，防止因操动机构有缺陷，致使隔离开关没有完全分开或者没有完全合上的现象发生。

2. 断路器的正确操作

（1）远方控制断路器分合闸，操纵控制开关时，一不可用力过大，以免损坏控制开关；二不可返回太快，以防断路器来不及合闸。

（2）检查经操作后的断路器，判断动作的正确性。除从仪表指示和信号灯判断其实际位置外，还要到现场检查机械位置指示。

二、停电作业的安全技术措施

停电作业即指在电气设备或线路不带电的情况下，所进行的电气检修工作。停电作业分为全停电作业和部分停电作业。前者系指室内高压设备全部停电，通至邻接高压室的门全部闭锁，以及室外高压设备全部停电情况下的作业。后者系指高压室的门并未全部闭锁情况下的作业。无论全停电还是部分停电作业，为了保证人身安全，都必须执行停电、验电、装设接地线、悬挂标志牌和装设遮拦等四项安全技术措施后，再进行停电作业。

（一）停电

1. 工作地点必须停电的设备或线路

（1）要检修的电气设备或线路必须停电。

（2）工作人员在正常工作中活动范围与带电设备的安全距离小于表6-4规定的设备必须停电。

（3）在44 kV以下的设备上进行工作，上述距离大于表6-4的规定值，但又小于表6-5的规定值，同时又无安全遮拦的设备也必须停电。

表6-4 工作人员正常工作中活动范围与带电设备的安全距离

电压等级（kV）	安全距离（m）
10 及以下	0.35
20~35	0.60
44	0.90
60~110	1.50

表 6-5 设备不停电时的安全距离

电压等级（kV）	安全距离（m）
10 及以下	0.7
20~30	1.0
44	1.2
60~110	1.5

（4）带电部分在工作人员后面或两侧无可靠安全措施的设备，为防止工作人员触及带电部分，必须将它断电。

（5）对与停电作业的线路平行、交叉或同杆的有电线路，有危及停电作业安全，而又不能采取安全措施时，必须将平行、交叉或同杆的有电线路停电。

2. 停电的安全要求

对停电作业的电气设备或线路，必须把各方面的电源均完全断开，例如：

（1）对与停电设备或线路有电气连接的变压器、电压互感器，应从高、低压两侧将开关、刀闸全部断开（对柱上变压器，应取下跌落式熔断器的熔丝管），以防止向停电设备或线路反送电。

（2）对与停电设备有电气连接的其他任何运行中的星形接线设备的中性点必须断开，以防止中性点位移电压加到停电作业的设备上而危及人身安全。这是因为在中性点不接地系统中，不仅在发生单相接地时中性点有位移电压，就是在正常运行时，由于导线排列不对称，也会引起中性点的位移。例如，35~60 kV 线路位移电压可达 1 kV 左右。这样高的电压若加到被检修的设备上是极其危险的。

断开电源不仅要拉开开关，而且还要拉开刀闸，使每个电源至检修设备和线路至少有一个明显的断开点。这样，安全才有保证。如果只是拉开开关，在开关机构有故障、位置指示失灵的情况下，开关可能没有全部断开（触头实际位置看不见），造成由于没有把刀闸拉开而使检修的设备或线路带电。因此，严禁在只经开关断开电源的设备或线路上工作。

为了防止已断开的开关被误合闸，应该取下开关控制回路的操作直流保险器或者关闭气、油阀门等。对一经合闸就有可能送电到停电设备或线路的刀闸，其操作者把手必须锁住。

（二）验电

对已经停电的设备或线路还必须验明确无电压并放电后，方可装设接地线。

验电的安全要求有以下几点：

（1）验电前，应将电压等级合适的且合格的验电器在有电的设备上试验，证明验电器指示正确后，再在检修的设备进出线两侧各相分别验电。

（2）对 35 kV 及以上的电气设备验电，可使用绝缘棒代替验电器。根据绝缘棒工作触头的金属部分有无火花和放电的噼啪声来判断有无电压。

（3）线路验电应逐个进行。同杆架设的多层电力线路在验电时应先验低压、后验高压；先验下层、后验上层。

（4）在判断设备是否带电时，不能仅用表示设备断开和允许进入间隔的信号以及经常接入的电压表的指示作为有无电压的依据；但如果指示有电则为带电，应禁止在以上工作。

（三）装设接地线

当验明设备确无电压并放电后，应立即将设备接地并三相短路。这是保护工作人员在停电设备上工作，防止突然来电而发生触电事故的可靠措施。同时，接地线还可使停电部分的剩余静电荷放入大地。

1. 装设接地线的部位

（1）对可能送电或反送电至停电部分的各方面，以及可能产生感应电压的停电设备或线路均要装设接地线。

（2）检修 10 m 以下的母线，可装设一组接地线；检修 10 m 以上的母线，视具体情况适当增加。在用刀闸或开关分成几段母线和设备上检修时，各段应分别验电、装设接地线。降压变电站全部停电时，只需将各个可能来电侧的部分装设接地线，其余分段母线不必装设接地线。

（3）在室内配电装置的金属构架上应有规定的接地地点。这些地点的油漆应刮去，以保证导电良好，并画上黑色"⏚"记号。所有配电装置的放置地点，均应设有接地网的接头，接地电阻必须合格。

2. 装设接地线的安全要求

（1）装设接地线必须由两人进行，若是单人值班，只允许使用接地刀闸接地或使用绝缘棒拉合接地刀闸。

（2）所装设的接地线考虑可能最大摆动点与带电部分的距离应符合表 6-6 的规定。

表 6-6　接地线与带电设备的允许安全净距（单位：cm）

电压等级（kV）	户内/户外	允许安全净距	电压等级（kV）	户内/户外	允许安全净距
1~3	户内	7.5	20	户内	18
6	户内	10	35	户内	29
				户外	40
10	户内		60	户内	46
				户外	60

（3）装设接地线必须先接接地端、后接导体端，必须接触良好；拆除时顺序与此相反。装拆接地线均应使用绝缘棒和绝缘手套。

（4）接地线与检修设备之间不得有开关或保险器。

（5）严禁使用不合格的接地线或用其他导线做接地线和短路线，应当使用多股软裸铜线，其截面面积应符合短路电流要求，但不得小于 25 mm²；接地线须用专用线夹固定在导体上，严禁用缠绕的方法接地或短路。

（6）带有电容的设备或电缆线路应先放电后再装设接地线，以避免静电危及人身安全。

（7）对需要拆除全部或部分接地线才能进行工作的（如测量绝缘电阻、检查开关触头是否同时接触等），要经过值班员许可（根据调度员命令装设的，须经调度员许可），才能进行工作，完毕后应立即恢复接地。

（8）每组接地线均应有编号，存放位置则应有编号，两编号一一对应，即对号入座。

（四）悬挂标示牌和装设遮拦

悬挂标示牌的目的是为了提醒工作人员及时纠正将要进行的错误操作或动作，指明正确的工作地点，警告他们勿接近带电部分，提醒他们采取适当的安全措施，禁止向有人工作的地方送电。装设遮拦为了限制工作人员的活动范围，防止他们接近或误触带电部分。使用要求如下：

（1）在部分停电的工作与未停电设备之间的安全距离小于规定值（10 kV 以下小于 0.7 m，20~35 kV 小于 1 m，60 kV 小于 1.5 m）时，应装设遮拦。遮拦与带电部分的距离不得小于以下规定值：10 kV 以下为 0.35 m，20~35 kV 为 0.6 m，60 kV 为 1.5 m。在临时遮拦上悬挂"止步，高压危险！"的标示牌。临时遮拦应装设牢固；无法设置遮拦时，可酌情设置绝缘搁板、绝缘罩、绝缘拦绳等。

（2）在工作地点悬挂"在此工作！"的标示牌。

（3）在工作人员上下用的架构或梯子上，应悬挂"从此上下！"的标示牌。

（4）在邻近其可能误登的架构或梯子上，应悬挂"禁止攀登，高压危险！"的标示牌。

（5）在一经合闸即可送电到作业地点的断路器和隔离开关的操作把手上均应悬挂"禁止合闸，有人工作！"的标示牌。

（6）若线路上有人工作，应在线路断路器和隔离开关的悬挂把手上悬挂"禁止合闸，线路有人工作！"的标示牌。

标示牌的悬挂处及规格见表6-7。

表 6-7　常用标示牌规格及悬挂处所

类型	名称	尺寸（mm）	式样	悬挂处所
禁止类	禁止合闸，有人工作！	200×100 或 80×50	白底红字	一经合闸即可送电到施工设备的断路器和隔离开关的操作把手上
	禁止合闸，线路有人工作！	200×100 或 80×50	红底白字	线路断路器和隔离开关的把手上
	禁止攀登，高压危险！	250×200	白底红边黑字	工作人员上下的铁架邻近可能上下的其他铁架上，运行中变压器的梯子上
允许类	在此工作！	250×250	绿底，中有直径 210 mm 的白圆圈，圈内写黑字	室外和室内工作地点或施工设备上
提示类	从此上下！	250×250	绿底，中有直径 210 mm 的白圆圈，圈内写黑字	工作人员上下的铁架、梯子上
警告类	止步，高压危险！	250×200	白底红边黑字，有红色箭头	施工地点邻近带电设备的遮拦上；室外工作地点的围栏上、禁止通行的过道上；高压试验地点；室外构架上、工作地点邻近带电设备的横梁上

此外，当工作人员正常活动范围与未停电的设备间距小于表 6-4 中规定的距离时，未停电设备应装设临时遮拦。临时遮拦与带电体的距离不得小于表 6-5 中规定的距离，并挂"止步，高压危险！"的标示牌。35 kV 以下的设备，如果有特殊需要，也可用合格的绝缘挡板与带电部分直接接触来隔离带电体。

在室外地面高压设备上工作，应在工作地点四周用绝缘绳做围栏。在围栏上悬挂适当数量的"止步，高压危险！"的标示牌。

严禁工作人员在工作中移动或拆除遮拦及标示牌。

（五）线路作业时水电站的安全措施

（1）线路的停送电须按值班调度员的命令或有关单位的书面指令执行操作，严格执行操作命令、不得随时停送电，以防止工作人员发生触电事故。停电时，必须先将线路可能来电的所有开关、线路刀闸、母线刀闸全部拉开，用验电器验明确无电压后，在所有线路上可能来电的各端的负荷侧装设接地线，并在刀闸的操作把手上挂"禁止合闸，线路有人工作！"的标示牌。

（2）值班调度员必须将线路停电检修的工作班组、工作负责人姓名、工作地点和工作任务记入检修记录簿内。当检修工作结束时，应该得到检修工作负责人的完工报告，确认所有工作班组均已完成任务，工作人员全部撤离、现场清扫干净、接地线已拆除，并与检修记录簿核对无误后，再下令拆除变电站内的安全措施，向线路送电。

（3）用户管辖的线路停电，必须由用户的工作负责人书面申请经允许后方可停电，并做好安全措施；恢复送电必须接到原申请人的通知后方可进行。

三、低压带电作业的安全规定

（一）低压带电作业的定义

低压带电作业是指在不停电的低压设备或低压线路（设备或线路的对地电压在250 V 及以下者为低压）上的工作。与停电作业相比，低压带电作业不仅使供电的不间断性得到保证，还具有手续简化、操作方便、组织简单、省工省时等优点。但对操作者来说触电的危险性较大。

对于工作本身不需要停电和没有偶然触及带电部分危险的工作或作业者使用绝缘辅助安全用具直接接触带电体及在带电设备的外壳上工作，均可以进行带电作业。在工企系统中电气工作者的低压带电作业是相当频繁的。为防止触电事故发生，带电作业者必须掌握并认真执行各种情况下带电作业的安全要求和规定。

（二）在低压设备上和线路上带电作业的安全要求

（1）低压带电工作应设专人监护，即至少有两人作业，其中一人监护、一人操作。采取的安全措施是：使用有绝缘柄的工具，工作时站在干燥的绝缘物上进行，工作者要戴两副线手套、戴安全帽，必须穿长袖衣服工作，严禁使用锉刀、金属尺和带有金属物的毛刷等工具。这样要求的目的：一是防止人体直接触碰带电体，二是防止超长的金属工具同时触碰两根不同相的带电体造成相间短路，或同时触碰一根带电体和接地体造成对地短路。

（2）高低压同杆架设，在低压带电线路上工作时，应检查与高压线间的距离，作业人员与高压带电体至少要保持一定的安全距离，并采取防止误碰高压带电体的措施。

（3）在低压带电裸导线的线路上工作时，工作人员在没有采取绝缘措施的情况下，不得穿越线路。

（4）上杆前，应该先分清哪相是低压火线，哪相是中性（零线），并用验电笔检测，判断后，再选好工作位置。在断开导线时，应先断开火线、后断开中性线；在搭接导线时，顺序相反。因为在三相四线制的低压线路中，各相线与中性线间都接有负荷，若在搭接导线时，先将火线接上，则电压会加到负荷上的一端，并由负荷传递到将要接地的另一端，当作业者再接中性线时，就是第二次带电接线，这就增加了作业的危险性。因此，在搭接导线时，先接中性线、后接火线。在断开或接续低压带电线路时，还要注意两手不得同时接触两个线头，这样会使电流通过人体，即电流自手经人体至手的路径通过，这时即使站在绝缘物上也起不到保护作用。

（5）严禁在雷、雨、雪天以及有六级及以上大风时在户外带电作业，也不得在雷电时进行室内带电作业。

（6）在带电的低压配电装置上工作时，应采取防止相间短路和单相接地的绝缘隔离措施。也应防止人体同时触及两根带电体或一根带电体与一根接地体。

（7）在潮湿和湿气过大的室内，禁止带电作业；工作位置过于狭窄时，禁止带电作业。

四、值班与巡线工作的安全要求

为保证电气设备及线路的可靠运行，除在设备和线路回路上装设继电保护和自动装置以实现对保护和自动控制外，还必须由人工进行工作。为此，在水电站要设置值班员，对线路设置巡线员。值班和巡视的主要任务是：对电气设备和线路进行操作、控制、监视、检查、维护和记录系统的运行情况，及时发现设备和线路的异常和缺陷，并迅速、进行正确地处理。尽可能防止由于缺陷扩大而发展成事故。

值班员与巡线员的工作非常重要，他们必须具备一定的业务水平和安全常识，才能胜任值班与巡视的工作。

（一）值班工作的安全要求

1. 室内高压设备设单人值班必须具备的两个条件

（1）室内高压设备的隔离室设有 1.7 m 以上的牢固而且是加锁的遮拦。这样可防止误碰带电部分和走错间隔。

（2）室内高压开关的操作机构用墙或金属隔板与该开关隔离，或装有远程操作机构。这就防止了在操作开关时因事故而使操作者遭到电伤、电击或烧伤等危险，而且无人救护，后果是严重的。

2. 安全要求

（1）单人值班不得单独从事修理工作，因无人监护的作业是不安全的。

（2）不论高压设备是否带电，值班人员不得单独离开或越过遮拦进行工作。若有必要移开遮拦，必须有监护人在场，而且要与不带电设备保持一定的安全距离。这样规定是因为即便是不带电设备也有突然来电的可能，一个人工作没有安全保障。

（二）值班员的岗位责任

（1）在值班长的领导下，坚守岗位、集中精神，认真做好各种表格、信号和自动装置的监视，准备处理可能发生的任何异常现象。

（2）按时巡视设备、做好记录。发现缺陷及时向值班长报告。按时抄表并计算有功、无功电量，保证正确无误。

（3）按照调度指令正确填写倒闸操作，并迅速正确地执行操作任务。发生事故时，要果断、迅速、及时地处理。

（4）负责填写各种记录，保管工具、仪表、器材、钥匙和备品，并按值移交。

（5）做好操作回路的熔丝检查、事故照明、信号系统的试验与设备维护。搞好环境卫生，进行文明生产。

（三）巡视工作的安全要求

巡视工作是经常掌握设备和线路的运行情况，及时发现缺陷和异常现象，以便及时排除其隐患，从而提高了设备和线路运行的安全性。但巡视工作本身也有很多安全隐患，巡视高压设备的安全要求如下：

（1）一般应该由两人一起巡视。单人巡视高压设备，须经本单位领导批准，且在巡视中不得进行其他工作，不得移开或越过遮拦。单人巡视要按规定好的路线进行巡视。

（2）雷雨天气需要巡视室外高压设备时，应穿绝缘靴，并与带电体保持足够的距离，不准靠近避雷器和避雷针，以防止反击电压危及人身安全。

（3）高压设备发生接地时，由于会产生跨步电压，故在室内不得接近故障点 4 m 以内，室外不得接近故障点 8 m 以内。进入上述范围内的人员须穿绝缘靴，接触设备的外壳和构架时，应戴绝缘手套。

（4）巡视配电装置、进出高压室，必须随手将门锁好，以防小动物进入室内。高压室的钥匙应至少有三把，由值班人员负责保管，按值移交：一把专供紧急情况下使用，一把专供值班员使用，另一把可借给单独巡视高压设备的人员和工作负责人使用，但必须登记签名，当日交回。

（5）巡视无人值守水电站时，必须在出入登记本上登记，离开时关好门窗和灯。

（6）巡视周期依单位具体情况而定。一般有人值班的电站在每次交接班时检查一次，值班中再巡视一次；无人值班的电站每周至少巡视一次。

（7）巡视检查时，要精力集中，眼、鼻、耳、脑并用，最好采用先进器具。巡视检查的主要内容是设备发热情况，瓷瓶有无破裂、闪络现象。对记录已有缺陷的设备、经常操作的设备、陈旧的设备、新装投运的设备要重点检查。

五、在二次回路上工作的安全规定

水电站电气系统中有一次设备和二次设备。二次设备包括继电保护装置、自动控制装置、测量仪表、计量仪表、信号装置及绝缘监察装置等设备。这些设备所组成的电路统称为二次回路。二次回路的电压等级一般为 100 V、110 V 和 220 V（弱电控制除外）。虽然二次回路电压属于低压范围，但二次设备与一次设备即高压设备的距离较近，而且一次电路与二次电路有着密切的电磁耦合关系。这样，一方面在二次回路工作的人员有触碰高压设备的危险，另一方面由于绝缘不良或电流互感器二次开路都可能使工作人员触及高电压而发生事故。为此，必须采取预防措施。本节重点介绍在二次回路工作前、工作过程中以及对主要设备所采取的安全组织措施和有关安全的注意事项。

（一）在二次回路工作前的准备工作

（1）工作前应填写工作票。

须填写第一种工作票的工作范围：在二次回路上的工作，需要将高压设备全部停电或部分停电的，或不必停电，但需要采取安全措施的工作。如：①移开或越过高压室遮拦进行继电器和仪表的检查、试验时，需将高压设备停电的工作；②进行二次回路工作的人员与导电部分的距离小于表8-4规定的安全距离，但大于表8-5规定的安全距离，虽然不需要将高压设备停电，但必须设置遮拦等安全措施的工作；③检查高压电动机和启动装置的继电保护装置和仪表，需要将高压设备停电的工作。

须填写第二种工作票的工作范围：工作本身不需要停电和没有偶然触及导电部分的危险，并许可在带电设备的外壳上工作的，应填写第二种工作票。如：①串接在一次回路中的电流继电器，虽本身有高电压，但是有特殊传动装置，可以不停电在运行中改变整定值工作；②装在开关室过道上或控制室配电盘上的继电器和保护装置，可以不断开保护的高压设备（不停电）进行校验等工作。

执行上述第一种或第二种工作票的工作至少要有两人进行。

（2）工作之前要做好准备，了解工作地点的一次及二次设备的运行情况和上次检验记录，核查图纸是否和实际情况相符合。

（3）进入现场在工作开始前，应查对已采取的安全措施是否符合要求、运行设备和检修设备是否明显分开，还要对比设备的位置、名称，严防走错位置。

（4）在全部停电或部分带电的盘（配电盘、保护盘、控制盘等）上工作时，应将检修设备与运行设备用明显的标志隔开。通常在盘后挂上红布帘，这样可防止错拆、错装继电器，防止误操作控制开关。在盘前悬挂"在此工作！"的标示牌。作业中严防误动、误碰运行中的设备。

（5）在保护盘上进行钻孔等振动较大的工作时，应采取防止运行中的设备跳闸的措施。这是因为剧烈的振动可能造成继电器抖动，使接点误动而发生跳闸。如果不能采取措施，必须得到值班调度员或值班负责人的同意，将保护暂停。

（6）在继电保护盘间的通道上搬运或放置试验设备时，要与运行设备保持一定的距离，防止误碰运行设备，造成保护误动作。清扫运行设备和二次回路时，要防止振动，防止误碰，要使用绝缘工具。

（7）继电保护装置作传动或一次通电时，应该通知值班员和有关人员，并派人到现场监视，方可进行。继电保护的校验工作有时需要对断路器机械联动部分作分、合闸传动试验，有时也需要利用其他电源对电流互感器的一次电源进行校验工作。上述两种情况均应事先通知值班人员，告知设备的安全措施是否变动及注意事项，并通知其他检修、试验的工作负责人，要求在传动试验或一次通电试验的设备上撤离工作人员，且保持一定的安全距离。继电保护工作负责人还要派人员到现场进行检查，并在试验时间内进行现场监护，防止有人由于接触被试设备而发生机械伤人或触电事故。

（8）工作前，应检查所有的电流互感器和电压互感器的二次绕组，保证其应有永久性的且可靠的保护接地。

（二）在二次回路工作中应遵守的规则

（1）继电保护人员在现场工作过程中，凡遇到异常情况（如直流系统接地、开关跳闸等），不论与本身工作是否有关，都应立即停止工作、保持现状，待查明原因，确定与本工作无关后方可继续工作；若异常情况是由于本身工作引起的，应保护现场并立即通知值班人员，方便及时处理。

（2）一次回路通电或耐压试验前，应该通知值班员和有关人员，检查回路，确无人工作后，方可加压，并派人到现场看守。

（3）电压互感器的二次回路通电试验时，为防止由二次侧向一次侧反充电，除将电压互感器的二次刀闸拉开外，还要拉开电压互感器的一次刀闸，取下一次保险器。

（4）检验继电保护和仪表的工作人员，不准对运行中的设备、信号系统、保护压板进行操作，以防止误发信号和误跳闸。在取得值班人员许可并在检修工作盘两侧开关把手上采取防止误操作的措施（挂标示牌、设遮拦等）后，方可拉、合检修的开关。

（5）试验用的刀闸必须带罩，以防止弧光短路灼伤工作人员。禁止从运行设备上直接取试验电源，以防止试验线路有故障时，使运行设备的电源消失。试验线路的各级保险器的熔丝要配合得当，上一级熔丝的熔断时间应大于等于或下一级熔丝熔断时间的 3 倍，以防止越级熔断。

（6）保护装置二次回路变动时，严防寄生回路存在，对没有用的线应拆除，拆下的线应接上的不要忘记，且应接牢；临时在继电器接点间所垫的纸片不要忘记取出。

（三）在带电的电流互感器二次回路上工作时应采取的安全措施

（1）严禁电流互感器二次开路。电流互感器二次开路所引起的后果是严重的，一是使电流互感器的铁芯烧损；二是电流互感器二次绕组产生高电压，严重危及工作人员的人身安全。由电流互感器在运行中的磁势平衡方程式（$I_0 N = I_1 N_1 + I_2 N_2$）可知，当二次开路时，$I_2$ 为零，所以激磁电流 I_0 升高到一次电流 I_1 的值，结果使铁芯中的磁通猛增，铁芯的铁损大大增加，导致铁芯的温度剧增，可能烧坏铁芯。当二次开路时，由于 $I_0 = I_1$，激磁电流就是一次电流值，因为铁芯截面面积有限，所以铁芯中的磁通达到了饱和状态，磁通的波形就发生畸变而成为平顶波。在平顶波上升和下降的部分其磁通在单位时间的变化率增大，感应的电势就很高。再加之二次绕组的匝数又很多，所以在二次侧感应出相当高的电压，其峰值可达到数千伏，严重危及人身安全。为此，必须采取有效措施防止二次开路。其具体措施是：

①必须使用短路片或短路线将电流互感器的二次侧做可靠的短路后，方可工作。

②严禁用导线缠绕的方法或用鱼夹线进行短路。

（2）严禁在电流互感器与短路端子之间的回路上进行任何工作，因为这样容易发生二次开路。

（3）工作应认真谨慎，不得将回路永久接地点断开，以防止电流互感器一次与二次的绝缘损坏（漏电或击穿）时，二次侧有较高的电压而危及人身安全。

（4）工作时，必须有专人监护。使用绝缘工具，并站在绝缘垫上。这样，即使监护不周，发生了二次开路情况，由于使用的是绝缘工具以及工作人员脚下有绝缘垫，也会大大降低触电的可能性和危险性。

（四）在带电的电压互感器二次回路上工作时应采取的安全措施

（1）严格防止短路或接地。因为电压互感器的二次电流大小由二次回路的阻抗决定。如果电压互感器的二次回路发生相间或对地短路，则二次阻抗大大降低，使二次电流猛增，熔断器中的熔件就会熔断，使二次电压消失。二次电压没有了，欠电压继电器就会误动，进而造成保护装置的误动。同时，电压表、电度表的指示和计量都显示错误。为了防止在工作中一旦发生短路使电压消失导致保护误动作，在工作时应使用绝缘工具、戴手套。必要时，工作前停用有关保护装置。

（2）接临时负载时，必须装有专用刀闸和可熔保险器。可熔保险器的熔丝选择必须与电压互感器的熔丝有合理的配合。

六、线路施工及其他作业的安全措施

水电站建设及电网的技术改造都有架空线路、电缆线路等施工任务，如立杆、换杆、架线、紧线和敷设电缆等工作。此外，还有许多维修和设备安装等其他作业。从工作地点来说有高空、有地下；从工作的安全性来讲，虽无严重的触电危险，但作业人员有摔伤、碰伤、遭受机械伤害以及烧伤的可能。因此，本节介绍架空线路、电缆施工以及高处作业、打眼工作、天棚作业、地沟作业等安全措施及注意事项。

（一）架空线路施工的一般安全措施

1. 挖坑

挖坑前必须与有关地下管道、电缆的主管单位取得联系，明确地下设施的确切位置、做好防护措施。组织外来人员施工时，要加强监护工作。坑深超过 1.5 m 时，抛土要采取防止土石回落的措施。在居民区及交通道口附近挖的基坑要设坑盖或围栏，夜间要挂红灯。

2. 立杆和撤杆

立杆、撤杆等重大施工项目，应该制定安全技术措施，并经领导批准。立杆、撤杆要有专人指挥。工作人员要明确指挥者的口令、信号的意义。在居民区和交通道口上立杆、撤杆要有专人看守。立杆、撤杆的起重机械设备要可靠，严禁过载使用。吊车吊杆时，其钢丝绳套（扣）要吊在杆件的适当位置，防止滑脱和电杆突然倾倒。无论立杆、撤杆都要在杆上拴有调整方向的副牵引绳。在立杆过程中，杆坑内严禁有人工作。除指挥人员及指定人员外，其余人员须远离杆长 1.2 倍的距离以外。电杆起立离开地面后，要对各吃力点做一次全面检查，确保无问题后，再继续起立，起立 60° 后，应减速并注意各侧拉绳。已经起立的电杆，只有在杆基回土夯实完全牢固后方可撤去叉杆和拉绳。在撤杆工作中，先绑好拉绳、后拆线，做好倒杆措施。

3. 杆、塔上的工作

上杆前应先检查登杆工具，如脚扣、升降板、安全带、梯子等是否完整牢靠。应衣着整齐，并戴上安全帽。新立电杆在杆基未完全牢固前，严禁攀登。遇有杆基被冲刷和上拔的电杆要先加固培土，或支好架杆，打好临时拉线后再上杆工作。对于木杆，在上杆前一定要检查杆根。上杆后安全带应系在电杆及牢固的构件上，系安全带后必须检查扣环是否扣牢和绳扣是否系好。杆上作业转动位置时，不得失去安全带的保护。杆上有人作业时，不准调整拉线（绳）或拆除拉线。现场人员要戴安全帽。杆上作业人员应防止掉东西，使用的工具、材料应用绳索传递，不得乱扔。杆下应禁止行人逗留。

4. 放线、撤线和紧线

放线、撤线的施工项目应该制定安全技术措施，并经领导批准。放线、撤线和紧线工作均应设专人指挥，使用统一信号。放线、撤线和紧线前要对所使用的工器具及设备进行全面检查，确认良好后方可使用。工作前还要做好组织联系工作，对交叉跨越各种铁路、公路、河流等放线、撤线的工作，应先取得主管部门的同意，做好安全措施，如搭好可靠的跨越架，在路口设专人持信号旗看守。紧线前要检查导线有无障碍物挂住。紧线、撤线前应先检查拉线、拉桩及杆根。如不能使用，应加设临时拉绳加固。紧线时应检查接线头以及过滑轮、横担、树枝、房屋等时有无卡住现象。工作人员不得跨在导线上或站在导线内角侧，防止意外跑线时抽伤。工作中严禁采用突然剪断导线、地线的方法松线。

5. 起重运输的安全要求

起重工作必须由有经验的人领导，并应统一指挥、统一信号、分工明确、做好安全措施。工作前，工作负责人应对起重工作和工具进行全面检查。起重机械，如绞磨、汽车吊、卷扬机、手摇绞车等，必须安置平稳牢固，并应设有制动和逆止装置。当重物吊离地面后，工作负责人要检查各部的受力情况，无异常后，方可正式起吊。在起吊牵引过程中，受力钢丝绳的周围、上下方和起吊物的下面，严禁有人逗留和通过。起吊物如有棱角或特别光滑，在与钢丝绳接触的部分要加以包垫。使用开门滑车时，应将开门钩环扣紧，防止绳索自动跑出。

起重机具均应有铭牌标明的允许工作荷重，不得超铭牌使用。

（二）电缆施工的安全要求

电缆施工应根据工作特点制定安全措施。电力电缆的工作一般应填写工作票，并认真执行。挖电缆沟的工作，应首先了解地下资料，避免挖坏地下其他管道、电缆，防止发生漏气、漏水和触电事故。挖沟前应做好防止交通事故的安全措施。挖掘电缆沟应在有经验的人员交代清楚后才可进行；挖到电缆保护板后，应该由有经验的人员在场指导。挖掘出来的电缆或接头盒的下面需要挖空时，必须将悬吊保护（每 1~1.5 m 吊一道），悬吊接头盒应平放，不得使接头受到拉力。

铺设电缆应有专人统一指挥。铺设电缆之前，应先清理好现场，除净电缆沟内的杂物，检查电缆盘上有无凸出或钉子等，以防止损坏电缆或划伤工作人员。当电缆盘开始转动时，严禁用手搬动滑轮，以防压伤。

移动电缆接头盒一般应停电进行。如需带电移动，应调查电缆的运行记录（主要了解电缆的绝缘水平、使用年限）。移动时应由有经验的人员，在统一指挥下保持电缆的水平状态，防止由于弯曲使绝缘损坏而引起爆炸事故。

制作电缆头（包括电缆盒内的接头）时，若需锯断已运行过的电缆，则首先验明确无电压，再逐个相对地放电，然后用带木柄的铁锹钉入电缆芯后接地，方可工作。焊接电缆时，应有防火措施。加热电缆胶或配制环氧树脂时，应在通风良好处进行，以防中毒。熬电缆胶的工作必须有专人看管，熬胶和浇灌电缆头的人员，应戴帆布手套和口罩、护目镜并系鞋罩。搅拌或舀取熔化的电缆胶或焊锡时，须使用预热的金属棒或勺子，以防熬胶容器或锡锅内落入水滴发生爆炸，烫伤工作人员，并应有防火措施。

对进入电缆井的工作，在进井之前应先打开井盖一定的时间以排除井内浊气，确认没有危害健康的气体后，方可进井工作。在电缆井内工作，要戴安全帽，应有足够的照明，并做好防火、防水和防止空中落物等措施，井口应设专人看守。

（三）其他作业的安全

1. 登高作业的安全

凡在离地面 2.5 m 以上的地点进行工作，均视为高处作业。高处作业须先搭脚手架或采取防坠落措施。

登高作业所用的工具必须坚固可靠。在高处作业使用的工具，用完后要随时插入皮套或装入工具袋内，避免掉下伤人。使用的工具、材料要用绳索上下传递，严禁抛递材料与工具。

登脚手架工作前，要检查脚手架绑得是否牢固，搭的跳板是否牢固，跳板不许悬空。

2. 打眼工作的安全

打眼工作是电气施工的基础工作。打眼工作开始前，要选好位置，将梯子和脚手架安放牢固。工作者要戴线手套和护目镜，所使用的工具要牢固可靠。在运行设备附近打眼时，须事先做好防止误碰带电设备的安全措施。眼将打透时，不要用力过猛，以防打掉东西伤人和损坏设备。

3. 进入天棚内工作的安全

进入天棚前，应先打开棚口通空气，方可进入。进入天棚工作时，应戴安全帽，防止扒板钉子碰伤头部。进入天棚在没有开始工作之前，要认真检查天棚的坚固程度，对破损严重的天棚要采取安全措施。

在天棚内工作时严禁使用明火，如喷灯、蜡烛、吸烟等。使用电焊机时应有防火措施。

4. 进入地沟工作的安全

进入地沟（地板下）工作前，无论是新、旧房屋，均要先把地沟（地板下）的通风口打开，待排除有害气体后再进行工作。洞口要设专人看守。

进入地沟（地板下）工作时，要有充分的照明。感觉到有头晕、恶心、呕吐现象时，应该立即退出现场，

查明原因，并采取排风等安全措施后再进行工作。

5. 低压电气施工中使用电动工具的安全

电动工具应设专人保管，定期作外观和电气绝缘检查。

（1）电动工具的金属外壳，必须接地或接零，电源开关的保护熔丝要选择合适。使用电动工具的人员必须熟悉电动工具的使用方法和电动工具的性能。

（2）禁止使用没有防护罩的砂轮（手提式小型砂轮除外），不准在砂轮侧面研磨工件，因为侧面受力过大容易断裂。使用砂轮时，应戴防护眼镜或在砂轮上方装设有机玻璃防护罩。

（3）使用钻床时，须把加工部件安装牢固，不准戴手套用手直接清理钻屑，不准在夹具没有停止转动时拆、换钻头或其他部件。

（4）手提照明灯、危险环境和特别危险环境的携带式电动工具，如无特殊安全结构或安全措施，应采用42 V或36 V安全电压，特别潮湿的场所应采用24 V或12 V安全电压。当电气设备采用24 V以上的安全电压时，必须采取防止直接接触的防护措施。安全电压必须是经隔离变压器变压取得，禁止用自耦变压器或串联电阻的方法变压。

第五节　人身触电及触电急救

电力的发展促使国民经济有了更大的发展，人民的生活水平有了更大的提升。电能在给我们带来利益的同时，由于特殊性，在发电、输电及用电各环节出现偶然或人为的因素，会导致触电事故，轻者受伤、重者死亡，造成重大损失。这就要求我们清楚触电的危害、类型和防范措施，在有人触电的情况下，知道如何进行急救。

一、触电危害和类型

当电流通过人体，人体会有麻、疼等感觉，会引起颤抖、痉挛、心脏停止跳动甚至死亡。

触电伤害的程度与很多因素有关：触电时间长短、电流的途径、电流的频率、电流的大小、周围环境及人体状况。一般电流大、时间长、电流流过心脏、电流频率在50~60 Hz（工频）、周围环境污染、潮湿、人体电阻小、身体有破损等都会导致严重的后果。

触电有以下几种类型。

（一）直接触电

直接触电是指直接触及运行中带电设备（包括线路）或对高压带电设备接近产生放电所造成的触电。直接触电是最常见的一种触电伤害，也是伤害程度最为严重的一种触电形式。无论是触及高压带电设备还是触及中性点接地的低压系统，其流过人体的电流一般总是大于能引起心室颤动的极限电流，因此后果都会极其严重。当然，有时偶尔触及低压电源而没有造成严重后果，是因为穿着绝缘性能良好的鞋子或站在干燥的地板上。

（二）跨步电压触电

当电气设备发生接地短路时，故障电流通过接地点向大地作半球形扩散，入地点周围的大地中和地表面各点呈现不同的电位，距离接地点越近，电位就越高。当人两脚在不同的电位上，就形成了跨步电压，将有电流流过身体而导致触电。尤其是导线断线落地，是造成跨步触电的主要形式。如果发生高压接地，室内 4 m 内，室外 8 m 内，发现有跨步电压时，应该赶快把双脚并在一起或用一条腿跳着离开导线断落地点，离开危险区。

（三）感应电压触电

由于带电设备具有电磁感应和静电感应作用，将会在附近停电设备上感应出一定电位，其数值大小取决于带电设备的电压、几何对称度、停电设备与带电设备的位置对称性以及两者的接近程度、平行距离等因素。在电气工作中，感应电压触电事故屡有发生，甚至可能造成死亡，尤其是随着系统电压的不断提高，感应电压触电的问题将更为严重。由于电力线路对通信等弱电线路的危险感应，还经常造成对通电设备的损坏，甚至使工作人员触电死亡。

（四）剩余电荷触电

电气设备的相间和对地之间都存在一定的电容效应，当电源断开时，由于电容具有储存电荷的特点，因此在刚断开电源的停电设备上将保留一定电荷，就是所谓的剩余电荷。此时如果人体触及停电设备，就有可能遭到剩余电荷的电击。设备容量越大，遭电击的程度也越严重。因此，对未装地线而且有较大容量的被试设备，应该先进行放电再做试验。高压直流试验时，每告一段落或试验结束，应将设备对地放电数次并短路接地。注意，放电应三相逐相进行。

（五）静电危害

静电主要是由于不同物质互相摩擦产生的，摩擦速度越快、距离越长、压力越大，摩擦产生的静电越多。另外，产生静电的多少还与两种物质的性质有关。静电的危害主要是静电放电引起火灾或爆炸。但当静电大量积累产生很高的电压时，也会对人身造成伤害。

（六）雷电触电

雷电是自然界的一种放电现象。它在本质上与一般电容器的放电现象相同，所不同的是，作为雷电放电的极板大多数是两块雷云，也有小部分的放电发生在云雷与大地之间，即所谓落地雷。就雷电对设备和人身的危害来说，主要危险来自落地雷。为了防止雷电对人身的伤害，雷电时，应尽量少在户外或野外逗留，有条件的可进入有防雷设施的建筑物、汽车或船内。应尽量离开小山、小丘或隆起的小道，并尽量离开海滨、湖滨、沟边、池旁，尽量离开铁丝网、金属晒衣绳以及旗杆、烟囱、宝塔、孤树。在户内还应注意雷电侵入波的危险，应远离照明线、动力线、电话线、广播线、收音机电源线、电视机天线，以及与相连的各种设备，以防这些线路或设备对人体二次放电。

二、触电急救

触电急救应遵循"迅速、准确、就地、坚持"的八字方针，分秒必争地进行抢救。发现有人触电，切不可惊慌失措、束手无策，最重要的是尽快使触电者脱离电源，然后根据触电者的具体情况，进行相应的救治。据有关资料，从触电 1 min 开始救治者，90% 有良好效果；从触电 6 min 开始救治者，10% 有良好效果；从触电 12 min 开始救治者，救治的可能性极小。由此可知，动作迅速是非常重要的。同时，要学会救助的方法。小水电站应十分重视急救知识的学习与培训，定期进行触电急救模拟培训，做到有备无患。

（一）迅速使触电者脱离电源

脱离电源就是要把触电者接触的那一部分带电设备的断路器、隔离开关、刀闸或其他断路设备断开，或设法将触电者与带电设备脱离。在脱离电源中，救护人员立既要救人，也要注意保护自己。

人在触电之后，大多数会引起不自主的肌肉痉挛，自己无法脱离电源。如果触电者手握电线，一定会抓得很紧，在没有切断电源的情况下，要让他松开是不容易的。为此，人触电后，最紧要的是迅速使触电者脱离电源，只有使触电者脱离了电源后，才能进行救治。

八字方针中的"迅速"即是迅速使触电者脱离电源。

1.脱离电源的注意事项

（1）当发现有人触电时，不要过度慌张，要设法尽快将触电者所接触带电设备的电源断开，而且要分秒必争，时间就是生命，早断一秒，就多一分复苏的希望。

（2）如果触电者所处的位置较高，必须预防断电后从高处摔下造成二次伤害的情况，这时应该预先采取保证触电者安全的措施，否则断电后会给触电者带来新的危害。

（3）停电后，如果影响出事地点的照明，必须迅速准备现场照明用具，有事故照明的，应先合上事故照明电源，以便切断电源后，不影响紧急救护工作。

（4）使触电者脱离电源是紧急救护的第一步，但救护人员千万不能用手直接去拉触电者，防止发生救护人员触电的事故。使触电者脱离电源，应根据现场具体条件，采取适当的方法和措施，才能保证救护工作的顺利进行。

2.低压设备上触电后人体脱离电源

（1）如果开关或插头就在附近，应迅速拉开开关或拔掉插头，以切断电源。

（2）如果开关或插头距离触电地点远，不可能很快把开关或插头拉开，可用绝缘手钳或装有干燥木柄的斧、刀等工具把导线切断。但必须注意：应切断电源侧（即来电侧）的导线，而且切断的电源线不可触及其他救护人员。

（3）如果导线断落在触电者身上或压在身下，可用干燥的木棒、木板、竹竿、木凳等具有绝缘性的物件，迅速将带电导线挑开。千万注意，不能使用任何金属棒或潮湿的东西去触碰带电导线，以免救护人员自身触电，也要注意不要将所挑起的带电导线落在其他人身上。

（4）如果触电者的衣服是干燥的，而且不是裹缠在身上，救护人员可站在绝缘物上，用绝缘的毛织品、围巾、帽子、干衣服等把自己的一只手做严格的绝缘包裹，然后用这只手（千万不要用两只手）拉住触电者的衣服，把触电者拉离带电体，使触电者脱离电源。但不能触及触电者的皮肤，也不可拉触电者的脚，因触电者的脚可能是潮湿的或鞋上有钉等，这些都是导电体。

3. 高压设备上触电后人体脱离电源

当有人在高压设备或高压线路上触电时，应迅速拉开电源开关或用电话通知有关部门迅速停电。如果不能立即切断电源，可采用短路接地的方法来断开电源，即用一根较长的金属线，先将其中一端绑在金属棒上打入地下，然后将另一端绑上一块重物，掷到高压线上，造成人为短路，使电源开关跳闸，达到断开电源的目的。抛掷时，应特别注意离开触电者 3 m 以外，以防救护人跨步电压触电或抛掷金属线落在触电者身上。抛掷人抛出线后，要迅速躲离，以防碰触抛掷在高压线的金属线上。

有条件的，可用适合该电压等级的绝缘工具（或绝缘手套、穿绝缘靴并用绝缘棒）触电者，救护人员在抢救过程中注意保持自身与周围带电部分的安全距离。

4. 杆上营救

当在架空线杆塔上触电时，其营救的方法和步骤如下：

（1）判断情况。当杆上人员突然患病、触电、受伤而丧失知觉时，杆下人员应迅速判明情况，若是触电，紧要的是让触电者先脱离电源，然后再进行其他救护工作。

（2）营救工作的准备。营救人员的自身保护是营救工作的重要环节，营救人员要准备好必要的安全用具，如绝缘手套或袖套、安全带、脚扣、绳子等。到杆位工作，如果只准备一副脚扣、一条安全带，说明安全观念不强，万一发生事故无法进行营救，这一点在工作前就应该想到。准备好安全工具后，还应检查可靠性，如手套是否有破损，电杆是否倾斜，横担是否损坏，导线是否有断线等。

（3）爬到营救位置。通常营救的最佳位置是高出受伤者约 20 cm，面向伤员。在小心地爬到营救位置并做好自身保护后，应首先使伤员脱离电源，并确定其情况，然后根据具体情况进行抢救。

（4）确定伤员情况。一般伤员有 4 种情况：有知觉；没有知觉、但有呼吸；没有知觉、也不呼吸、心脏还跳动；没有知觉、不呼吸、心脏也停止跳动。

如果伤员有知觉，可在杆上先做一些必要的救护工作，并让伤员放心，帮助他下杆，到地面后，再做其他护理工作。如伤员呼吸停止，立即口对口（鼻）吹气两次，再测试颈动脉，如有搏动，则每 6 s 继续吹气一次，如颈动脉无搏动时，可用空心拳叩击心前区两次，促进心脏复跳。

如果伤员没有直觉，但是能呼吸，这种情况要警惕伤员停止呼吸，应将降至地面后，立即解开纽扣，头向后仰，打开口腔，给他做 5~6 次快速的人工呼吸，再让伤员躺在地上进行心肺复苏救护，并呼叫其他营救人员。在这种情况下，只要伤员情况不再继续恶化，皮肤无死斑，就要坚持长时间的救护工作，千万不要失去信心。

杆上营救如果现场没有合适的营救工具，要设法用绳子将伤员绑扎好，降到地面，单人营救绳索长度应为杆高的 1.2~1.5 倍，双人营救绳索长度应为杆高的 2.2~2.5 倍。对于杆上的营救，重点应放在如何使伤员从杆上安全降到地面上。

单人营救：当发现有人触电或其他危险时，首先要判断情况，准备好营救工具，然后迅速带上绳索上杆到营救点，将伤员绑好。绳子一端绑在伤员腋下，另一端固定在电杆上。固定时，绳子要绕两到三圈，目的是增大下放时的摩擦力，以免突然将伤员放下后再发生其他意外。然后将伤员的脚扣安全带松开，再解开固定在杆上的绳子，缓缓放下伤员进行合理施救。

双人营救：双人营救绳子要长一些，营救人员上杆后将绳子一端绕过横担，绑在伤员的腋下。然后松开伤员的脚扣和安全带，将伤员放下。做双人营救时杆上营救人员要和杆下营救人员配合工作，动作要一致，以防杆上营救人员突然松手，而杆下营救人员没有准备，导致伤员快速降下而发生其他意外。将伤员放到地面后，应做合理施救。

（二）对触电者的准确判别

"准确"是抢救触电者所遵循的八字方针之一。即准确地对症救治触电者。要做到准确，就必须对触电者触电轻重程度作准确的判断，这是准确地对症救治触电者的前提。对触电者判断方法如下。

1. 判断触电者有无意识

当发现有人触电，在迅速使脱离电源后，可喊话并援救触电者，如触电者能够回答，证明神志清醒；如无反应，则表明神志不清，应让仰面躺平，且保持气道通畅，并用 5 s 呼叫伤员或拍其肩部，来判定伤员是否意识丧失。禁止摇动伤员头部呼叫伤员。

2. 呼吸、心跳情况的判定

触电者如意识丧失，应在 10 s 内，用看、听、试的方法判断触电者呼吸、心跳情况。

看——看触电者胸部、腹部有无起伏动作。

听——用耳贴近触电者的口鼻处听有无呼气声。

试——测试口鼻有无呼气的气流。再用两手轻试一侧（左或右）喉结旁凹陷处的颈动脉有无搏动。

诊断心脏是否停止跳动最有效的方法是摸颈动脉。因为颈动脉粗大，最为可靠，易学、易记。方法如下：

抢救者跪于伤者身旁，一手置于前额，使头部保持后仰位，另一手在靠近抢救者的一侧，触诊颈动脉脉搏，用手指尖轻轻置于甲状轻骨，胸锁乳突肌前缘的气管上，然后用手指向靠近抢救者一侧的气管旁软组织滑动，如有脉搏，即可触知。如未触及颈动脉搏动，表明心脏已停跳，应立即进行胸外挤压抢救。在双人抢救时，此项工作应由吹气者完成。此外，抢救者也可解开触电者衣扣，可紧贴在胸部停心脏是否跳动。

若看、听、试结果均无呼吸又无颈动脉搏动，可判定触电者呼吸、心跳停止。

抢救过程中的再判定：按压吹气 1 min 后，应再用看、听、试的方法在 5~7 s 内对伤员呼吸、心跳是否恢复进行再判定。若判定颈动脉已有搏动，但无呼吸，则暂停胸外按压，再进行二次口对口人工呼吸，每分钟 12 次。如脉搏和呼吸均未恢复，则继续坚持用心肺复苏法抢救。

在抢救过程中，要每隔数分钟再判定一次，每次判定时间不得超过 5~7 S。

（三）现场就地急救

"就地"是对触电者进行急救所遵循的八字方针之一。"就地"即就地急救处理，对触电者急救的关键是一个"快"字，越快越好，要争分夺秒。如果使触电者脱离电源后，不立即就地抢救，而是送往医院，尤其是距医院较远时，那样做会延误抢救时间，往往事倍功半。

1. 对触电后神志清醒者的现场急救

如果触电者伤势不重、神志清醒，但有些懵懂、四肢发麻、全身无力，或触电者在触电过程中曾一度昏迷，但已清醒过来，应使触电者安静休息、不要走动、严密观察，并请医生前来诊治或送往医院。

2. 对触电后神志不清、失去知觉，但心脏跳动和呼吸存在者的现场急救

如果触电者伤势较重，已失去知觉，但心脏跳动和呼吸还存在，应使触电者安静地平卧，周围不要围人，使空气流通，解开他的衣服利于呼吸；如果天气寒冷，要注意保暖，并速请医生诊治或送往医院。如果发现触电者呼吸困难、发生痉挛，应准备立即进行心肺复苏抢救。

3. 对呼吸停止或心脏停止跳动，或者两者均已停止的现场抢救

（1）当触电者呼吸停止而心脏跳动时，应立即进行人工呼吸，进行救治。

（2）当触电者有呼吸而心脏停止跳动时，应立即施行胸外心脏按压进行抢救。

（3）当触电者呼吸、心跳均停止时，应立即同时施以人工呼吸和胸外心脏按压进行抢救。

在抢救的同时，还应请医生前来。注意：急救要尽快进行，不能等医生的到来，在送往医院的过程中，也不能中止抢救。

（四）坚持抢救的方针

"坚持"是抢救触电者遵循的八字方针之一。"坚持"即坚持对触电者进行不间断抢救，只要有百分之一的希望，就要尽百分之百的努力。有触电者经过 4 h 或更长时

间的抢救而得救的事例。触电死亡一般有 5 个特征：①心跳、呼吸停止；②瞳孔放大；③尸斑；④尸僵；⑤血管硬化。如果 5 个特征中有 1 个尚未出现，都应该视为触电者是假死，应坚持抢救。

参考文献

[1] 韩菊红. 水电站 [M]. 郑州：黄河水利出版社，2020.05.

[2] 曾云，吴正义. 水电站计算机监控 [M]. 北京：中国电力出版社，2020.07.

[3] 吴洪飞，弭磊，尹贤亮. 水电站故障录波应用与分析 [M]. 北京：中国三峡出版社，2020.

[4] 张启灵，黄小艳，胡蕾. 水电站垫层蜗壳组合结构研究与应用 [M]. 北京：中国水利水电出版社，2020.09.

[5] 刘小兵，曾永忠，华红. 水轮机沙水流动及磨损 [M]. 北京：中国水利水电出版社，2020.12.

[6] 曾云，钱晶. 水电机组建模理论 [M]. 北京：中国电力出版社，2020.08.

[7] 周林蕻，刘旭升. 农村水电管理技术 [M]. 沈阳：辽宁科学技术出版社，2020.06.

[8] 李志祥，罗仁彩，艾远高. 大中型水轮发电机组电气设备维护技术 [M]. 北京：中国三峡出版社，2020.02.

[9] 刘建英，李蓉娟，赵双双. 发电厂变电站电气设备 [M]. 北京：北京理工大学出版社，2020.06.

[10] 马艳丽. 水泵站与泵站电气设备 [M]. 郑州：黄河水利出版社，2020.06.

[11] 赵福纪. 发电厂及变电站电气设备 [M]. 哈尔滨：哈尔滨工业大学出版社，2020.06.

[12] 赵显忠. 辅助系统附属设备安装 [M]. 北京：中国水利水电出版社，2020.09.

[13] 周建中，许颜贺. 抽水蓄能机组主辅设备状态评估、诊断与预测 [M]. 北京：科学出版社，2020.06.

[14] 陈帝伊，王斌，贾嵘. 水电站自动化 [M]. 中国水利水电出版社，2019.08.

[15] 姚卫星，周光荣，徐礼达. 水电站电气设备安装 [M]. 北京：中国水利水电出版社，2019.09.

[16] 张莹，王东升. 水利水电工程机械安全生产技术 [M]. 北京：中国建筑工业出版社，2019.08.

[17] 齐立强，李晶欣. 发电厂动力与环保 [M]. 北京：冶金工业出版社，2019.02.

[18] 刘幼凡，杨政策. 高等职业教育水利类"十三五"系列教材水电站 [M]. 北京：中国水利水电出版社，2019.01.

[19] 邵红艳，张仁贡. 农村水电站更新改造运作机制与技术研究 [M]. 北京：中国水利水电出版社，2019.10.

[20] 郭琳，胡斌，黄兴泉. 发电厂电气设备 [M]. 北京：中国电力出版社，2019.10.

[21] 姚卫星，周光荣，徐礼达. 水电站电气设备安装 [M]. 北京：中国水利水电出版社，2019.09.

[22] 宋志强. 水电站机组与厂房耦合振动特性及分析方法 [M]. 北京：科学出版社，2018.03.

[23] 胡楠，周海霞，李建国. 中小型水电站电气二次系统技术问答 [M]. 北京：中国电力出版社，2018.12.

[24] 杨中瑞. 全国水利行业"十三五"规划教材职工培训小型水电站运行与维护 [M]. 北京：中国水利水电出版社，2018.02.

[25] 郭文成，周建中，张勇传. 水电站平压设施调速系统耦合过渡过程与控制 [M]. 北京：科学出版社，2018.08.

[26] 刘能胜. 全国水利行业"十三五"规划教材职业技术教育水电站 [M]. 郑州：黄河水利出版社，2018.06.

[27] 刘灿学，李红春. 水电站机电安装工程基础知识 [M]. 北京：中国水利水电出版社，2018.10.

[28] 林伟豪，汪曙光. 海洋可再生能源发电装置折叠水轮机与联合应用 [M]. 天津：天津大学出版社，2018.02.

[29] 雷恒，万晓丹，陶永霞. 水轮机调速器及机组辅助设备 [M]. 郑州：黄河水利出版社，2018.11.

[30] 张志坚. 中小水利水电工程设计及实践 [M]. 天津：天津科学技术出版社，2018.03.